房屋查验从业人员培训教材

房屋查验从业人员培训教材编委会　编

第三方实测实量

王宏新　赵庆祥　杨志才　赵　军　主　编
赵太宇　王清华　闫　钢　副主编

中国建筑工业出版社

图书在版编目（CIP）数据

第三方实测实量 / 王宏新等主编 . —北京：中国建筑工业出版社，2016. 12（2024. 2重印）
房屋查验从业人员培训教材
ISBN 978-7-112-19781-1

Ⅰ. ①第… Ⅱ. ①王… Ⅲ. ①建筑测量—技术培训—教材 Ⅳ. ①TU198

中国版本图书馆CIP数据核字（2016）第213590号

本书是房屋查验从业人员培训教材之《第三方实测实量》分册。本书定位于工程在建全过程，第三方验房机构针对项目工程过程中每个节点，区分在建工程和精装工程，分部分项进行质量及安全抽查、把控。内容包括概述、土建工程篇、精装工程篇、常见问题及典型案例、常用表格与实测实量模板。主要以表格的方式呈现，每个节点都包括指标说明、测量工具和方法、示例、常见问题、防治措施、工程图片等，清晰明了。

本书供有志于成为验房师的专业人士、第三方验房机构从业人员、房屋查验与检测人员提高业务技能学习参考，也适用于本领域大专、职业院校专业教材，以及广大验房企业经营管理者、相关行业行政管理者作为其重要参考。

责任编辑：赵梦梅　封　毅　毕凤鸣　周方圆
责任校对：王宇枢　焦　乐

房屋查验从业人员培训教材
房屋查验从业人员培训教材编委会　编
第三方实测实量
王宏新　赵庆祥　杨志才　赵　军　主　编
赵太宇　王清华　闫　钢　副主编
*
中国建筑工业出版社出版、发行（北京海淀三里河路9号）
各地新华书店、建筑书店经销
北京京点图文设计有限公司制版
建工社（河北）印刷有限公司印刷
*
开本：787×1092 毫米　1/16　印张：9¼　字数：194 千字
2017 年 9 月第一版　2024 年 2 月第六次印刷
定价：38.00 元
ISBN 978-7-112-19781-1
（27037）

◆ "房屋查验从业人员培训教材"编委会

主　编

王宏新　赵庆祥　杨志才　赵　军

副主编

赵太宇　王清华　闫　钢

参编单位与人员

北京师范大学房地产研究中心：高姗姗、孟文皓、邵俊霖、席炎龙、周拯

北京房咚咚验房机构：张秉贺、邱立飞、刘晓东、张亚伟、刘姗姗

广州铁克司雷网络科技有限公司：王剑钊

江苏宜居工程质量检测有限公司：赵林涛、姜桂春、陶晓忠

上海润居工程检测咨询有限公司：周勇、沈梓煊、张所林

参与审稿单位与人员

长春澳译达验房咨询有限公司：张洪领

河南豫荷农业发展有限公司：杨宗耀、王军

汇众三方（北京）工程管理有限公司：李恒伟

江苏首佳房地产评估咨询事务所徐州分公司：姬培清

山东淄博鲁伟验房：曹大伟

西安居正房屋信息咨询服务有限公司：王林

珠海响鼓锤房地产咨询有限公司：刘奕斌

前言 Preface

从酝酿、准备，到组织、撰写，再到修改、润色，直至最终定稿，历时 6 年之久，中国验房师终于有了自己成体系的行业与职业系列培训教材！

验房师产生于 20 世纪 50 年代中期的美国，到 20 世纪 70 年代早期，验房被众多国家纳入房地产交易中成为重要一环，由第三方来承担验房职能已成为西方发达国家惯例。如美国，普遍做法是委托职业验房师对准备出售或购置的住宅进行检验、评估，目的是买卖双方全面了解住宅质量状况。在法国，凡房屋交易前必须由验房师对房屋进行检验，出具验房报告才能进行交易。当前，发达国家验房已步入专业化、标准化、制度化和精细化发展阶段。

十多年前，国内开始出现"第三方验房"、"民间验房师"等验房机构，验房业作为第三方市场力量的出现，有着客观、深刻的市场和社会背景。当房屋质量问题频频发生，第三方检测与鉴定机构介入房屋交易过程，为买卖双方提供验房服务，可以减少交易纠纷，提高住房市场交易效率，促进经济社会可持续发展。它们实际上是顺应市场需要、为购房者服务、为提升新建住宅工程质量服务的新型监理、服务咨询机构。行业发展之初，由于长期受到现行体制的排斥，不受开发商和政府"待见"而无法获得其应有的市场地位，数以千计的"民间验房师"无法获得政府部门认可的职业与执业资格，然而他们却在购房者交付环节中的权利维护、新建住宅工程质量的保障与提升中作出了很大的贡献。

验房业是社会竞争激烈和社会分工日益细化的产物，是国家对第三产业的支持力度不断加大的结果，同时也是房地产行业健康、和谐、持续发展的必然要求。在我国房地产市场经历了持续高温后逐渐向质的提升转型趋势下，验房业发展有望步入市场化、规范化和制度化发展轨道。然而，从业人员水平良莠不齐，各地操作缺乏统一标准，无疑也阻滞了行业的顺畅发展。

2011 年，由我与赵庆祥主编的《房屋查验（验房）实务指南》由中国建筑工业出版社出版。该书出版后，成为中国验房行业的第一本培训教材，被国内相关培训机构作为验房师培训指定教材。又经过六年来验房业理论与实践发展，这套"房屋查验从业人员培训教材"（以下简称为"丛书"）终于摆在了广大读者面前。"丛书"包括以下五本分册：

《验房基础知识》包括导论、房屋基础知识、组织与人力资源、运营与管理、行业发展以及国际视野五部分，旨在将验房、验房师、验房业相关的基本概念、基础理论与实践状况进行系统总结与梳理，为验房师从事验房职业与验房企业经营管理打下扎实的理论基础。

《验房专业实务》详细讲述了验房流程、常用工具及方法、毛坯房和精装房的验点、验房顺序、作业标准、验房报告及范例、常见质量问题等内容，是实操性极强的专业实务。验房师掌握了这些专业知识，就可以进行实地验房工作。

《第三方实测实量》定位于工程在建全过程，第三方验房机构针对项目工程过程中每个节点，区分在建工程和精装工程，分部分项进行质量及安全抽查、把控。内容包括概述、土建工程篇、精装工程篇、常见问题及典型案例、常用文件及表式。主要以表格的方式呈现，每个节点都包括指标说明、测量工具和方法、示例、常见问题、防治措施、工程图片等，清晰明了。

《第三方交房陪验》针对开发商头疼的交房环节，细致讲述了第三方验房机构如何辅助开发商进行交房工作、提高业主满意度和交房收楼率。全书从关注业主需求的“业主视角”入手，详细讲述了交房方案、交付现场规划、交付流程、答疑、材料准备、风险检查、模拟验收等内容。图文并茂，轻松活泼。

《验房常用法律法规与标准规范速查》作为验房师的必备辅助资料，收录了验房最常涉及的法律法规和标准规范，同时为了便于查找，还按查验项目类别，如入户门、室内门窗工程、室内地面工程等进行了规范索引，以便读者更快定位到所需的规范条文。

需求特别指出的是，本套丛书中提到的“毛坯房”其实应该叫做“初装修房”，其与“精装修房”相对应，是新房交付的两种状态。因业内习惯称之为“毛坯房”，为便于理解，本套丛书相关知识点采用“毛坯房”这一说法。

本套丛书旨在打造中国验房师培训的职业教材同时，也适用于本领域大专、职业院校专业教材，以及广大验房企业经营管理者、相关行业行政管理者的重要参考。

丛书的出版，得到了中国房地产业协会副会长兼秘书长冯俊先生、中国房地产研究会副会长童悦仲先生，以及原建设部质量安全司质量处处长、原中国建筑业协会工程建设质量监督与检测分会会长吴松勤先生的大力支持，他们认真审稿、严格把关，使丛书内容质量上了一个新的层次。也感谢中国建筑设计研究院原副总建筑师、中国房地产业协会人居环境委员会专家委员会专家开彦先生对验房行业发展的关心和指导，让我们不忘记初心，砥砺前行。

感谢为本套教材出版奉献了大量一手资料的江苏宜居工程质量检测有限公司、上海润居工程检测咨询有限公司、北京房咚咚验房机构、山东名仕宜居项目管理有限公司、广州啄木鸟工程咨询有限公司等机构；尤其感谢江苏宜居工程质量检测有限公司赵军总裁和上海润居工程检测咨询有限公司杨志才总经理二位，他们是中国验房行业的真正创始者和实践先行者，也是行业热爱者、坚守者、布道者，二位在繁重的工程管理与企业管理的同时，承担了主编一职，参与了策划、编写全程，积极联系、协调同行，还担任主讲教师参加到行业培训第一线，为丛书的出版和行业人才培养倾注了大量心血；特别感谢中国建筑工业出版社房地产与管理图书中心主任封毅编审的大力支持，没有她的支持与帮助，出版这套丛书是难以想象的。最后，还要衷心感谢为丛书审稿的各位领导、专家和行业同仁，丛书的出版凝结了全行业的力量和奉献！

本套丛书在编写过程中，还参考了大量的文献资料，其中有许多资料几经转载及在网络上的大量传播，已很难追溯原创者，也有许多与行业相关技术标准紧紧联系，很难分清其专有知识产权属性。在此，我们由衷感谢所有为中国验房行业奉献的机构与人士，正是汇聚了大家的知识，这套教材才实现了取之于行业、用之于行业的初衷，也真正成为中国验房行业的集体成果。“开放获取”趋势正在成为全球数字化知识迅速增长、网络无处不在背景下的时代潮流。当本丛书付梓出版这一刻，就对所有读者实现开放获取了。对本丛书知识富有贡献而未能在丛书中予以体现的机构或人士，请与我们联系。同时，欢迎广大同行们对丛书的错漏不足之处批评指正，以便我们及时修订完善，使其内容更加实用，更好地为行业服务！

奔梦路上，不畏艰难。让我们共同为住宅工程质量不断提升、人类可持续的宜居环境不断改善的梦想而努力奋斗，一起携手共同推动中国验房行业快速、健康和可持续发展！

王宏新

2017 年 9 月于北京师范大学

目录
Contents

第一部分　概述篇

第二部分　土建工程篇

第三部分　精装工程篇

第四部分　常见问题与典型案例

第五部分　常用表格与实测实量报告模板

第一部分　概述篇

1　第三方实测实量基础知识

1.1　实测实量起源

住宅从开始施工到最后交付需经历漫长的过程，每一步都对住宅质量至关重要。由于管理体制、工程管理基础、工艺水平或管理人员水平差异等原因，各企业建筑品质会大相径庭。针对这一实际问题，诸多企业通过多年实践经验积累，结合国家和行业标准及客户对工程质量的感知，建立了实测实量体系，对工程结构、砌筑、装饰等施工过程进行科学测量，以此进行住宅产品质量控制。

1. 实测实量内容

实测实量是指在工程在建全过程，针对项目工程过程中每个节点（混凝土工程、砌筑工程、粉刷工程、门窗工程、防水工程、外墙工程及安全文明施工等）进行质量及安全抽查、把控。找出共性及个性问题，组织甲方工程部、监理单位、施工单位等进行质量安全会议，杜绝后期此类问题的发生，加强监理监督职能，对监理、施工企业在施工过程中关于工程质量自检、互检、交接检验等数据进行核查，杜绝工程资料数据与工程质量现场脱节，从而起到真正的监督作用。

实测实量运用各种测量工具，对在建工程各施工阶段进行现场测试，得到能真实反映产品质量的数据，填写工程实测实量检查表格，编制实测实量报告，将抽测内容建立测量档案，并根据测量结果采取措施逐步改进质量的一种住宅建筑工程质量管理办法。

2. 实测实量作用

深入推广实测实量，具有如下重要作用：

（1）实测实量落实国家规范、规定要求的需要。分户验收制度是现行验收制度的必要条件，实测实量是在过程中对实体的分户测量工作，是对最终验收分户验收工作的一个补充，未占有更多的现场资源，是分户验收制度的一个更加具体的实施制度和方法。

（2）实测实量有利于提高管理意识，建立过程的管控意识。实测实量作业能够在各个施工阶段更有效地体现主包（总包）和公司的质量管理意识，更能体现过程精品的要求，促进实体质量的实时改进和持续提高，是企业品牌建设中的制度性保障手段。

（3）实测实量的开展，识别并消除项目风险。通过对质量缺陷的检查、备案和整改措施的跟踪和落实，明晰各施工阶段和各交接主体责任，持续提升工程质量标准和观感，有利于消除客户投诉隐患，减少司法纠纷。

1.2　实测实量发展

1. 第三方实测实量的意义

第三方实测实量兴起前，实测实量主要由建筑公司或开发商组建临时的工作小组负责，但这种工作方式往往效率低下，难以达到预期目的。第三方指合同关系双方之外相对独立、公正、有公信力的第三主体，处于买卖利益之外，引入第三方的目的是为了确保交易的公平、公正，又称公正检验。第三方实测实量，是第三方验房机构以公正、权威的非当事人身份，根据有关法律、标准或合同所进行的实测实量活动。

随着整个社会对工程质量的关注不断提高，各个问题楼盘引发的群体效应越来越大，房地产项目小业主对房屋质量要求越来越高，政府主管部门也不断提出提高建筑质量的新要求，建立分户档案，将房屋质量建设过程的资料交给购房者。交付过程中先验房后交房，是未来房地产行业发展的必然趋势，委托第三方进行工程实体实测实量检测的需求将会进一步发展。

2. 第三方实测实量业务特点

（1）不受企业体制约束，公平、公正、客观地反映项目问题；

（2）公平、公正协助甲方做各项目工程质量管理；

（3）提供公平、公正的数据，针对各区域、各城市公司进行考核；

（4）仅对工程质量与甲方负责，不与受考核单位发生关系；

（5）突击检查，根据每个项目的进行情况进行突击检查，采集现场的真实、有代表性数据；

（6）协助甲方筛选优质施工单位，保证工程质量达到完美交付；

（7）数据化分析目前各项目存在的问题，针对共性问题进行标准化作业，推广新技术、新工艺；

（8）第三方公司不仅仅服务于一家公司，可以相互引进优秀技术、优秀管理方案，提升甲方的综合竞争力。

3. 第三方实测实量作用

由于第三方检测机构的公正、独立所带来的优势，一些国内外知名的房地产开发企业纷纷与第三方验房机构开展合作，进行实测实量，大大提高了公司对施工过程的管控，便于及时发现问题，规避风险。

（1）加强对施工过程管控

现阶段施工质量控制中，总包单位的工作重心偏向于进度与成本控制，由于工人越来越难以管理，自检力度愈发不足；监理单位在现行的质量管理体系中更注重资料建设，加之“红包问题”层出不穷，质量监察力度愈发薄弱；建设单位的工作重点多为销售与成本控制，加之人员数量不足，难以进行现场实体测量质量把控。引入第三方实测实量，便可本着随机原则、可追溯原则、完整性原则、效率原则、公平公正原则，通过专业知识，规范房地产行业质量体系，规避不必要的交付风险，推广优秀施工工艺，促进房地产行业工程质量控制。

（2）加速优秀施工工艺推行

对在建项目进行工程实体质量实测实量检测，目的是通过建立工程实体质量实测实量体系并系统实施的方式，客观真实反映各项目各阶段的工程质量水平，促进实体质量的实时改进，加速优秀施工工艺推行，规避交付风险，进而达到实体质量一次性合格完美交付的目标。优胜劣汰是大自然的生存法则，亦是房地产行业的生存法则，加强工程质量管理，才能在该行业稳步前进，第三方实测实量便是帮助建设单位进行供应商筛选的最佳介入，同时作为优秀推广的媒介而存在。每次的实测实量评分既有效地增强了施工单位之间的良性竞争，又能将各个施工单位的优秀工艺在集团内部推广，增强了建设单位在建筑行业的竞争力。

（3）实现完美交付的最终目的

第三方实测实量作为房地产业非直接参与者，更能真正体现出测量评分中的公平公正原则，只有真正公平公正的评价才能真正提高开发企业的社会可信度与影响力，这样的质量体系才能使业主放心，而不是开发企业内部的质量评定。房屋质量是施工单位的质量，是开发企业的质量，更是业主的质量，实测实量对质量把控的最终目的就是完美交付，这是每一个开发企业对自己的责任、对业主的责任、更是对社会的责任。

1.3　主要内容和基本工具

1. 主要内容

土建工程和精装工程实测实量主要测量内容见表 1.3-1 和表 1.3-2。

土建工程实测实量主要测量内容　　表 1.3-1

编号	分项工程	子项	允许偏差	检查工具
1	混凝土工程	截面尺寸偏差	[-5，10]mm	5m 钢卷尺
2		表面平整度	[0，8]mm	2m 靠尺、楔形塞尺

续表

编号	分项工程	子项	允许偏差	检查工具
3	混凝土工程	垂直度	层高≤ 6m，[0，10]mm 层高＞6m，[0，12]mm	经纬仪，或吊线、尺量
4		顶板水平度极差	[0，15]mm	激光扫平仪、具有足够刚度的 5m 钢卷尺（或 2m 靠尺、激光测距仪）
5		楼板厚度偏差	[-5，8]mm	超声波楼板测厚仪（非破损法）或卷尺（破损法）
6	砌体工程	表面平整度	[0，8]mm	2m 靠尺、楔形塞尺
7		垂直度	[0，5]mm	2m 靠尺
8		外门窗洞口尺寸偏差	[-10，10]mm	5m 钢卷尺或激光测距仪
9		重要预制或现浇构件	详见 5.4 节	5m 钢卷尺
10		砌筑工序	详见 5.5 节	5m 钢卷尺、水泥钢钉、铁锤
11	抹灰工程	墙体表面平整度	[0，4]mm	2m 靠尺、楔形塞尺
12		墙面垂直度	[0，4]mm	2m 靠尺
13		室内净高偏差	[-20，20]mm	5m 钢卷尺、激光测距仪
14		顶板水平度极差	≤ 10mm	激光扫平仪、具有足够刚度的 5m 钢卷尺（或 2m 靠尺、激光测距仪）
15		阴阳角方正	≤ 4mm	直角检测尺
16		房间开间 / 进深偏差	± 15mm	5m 钢卷尺、激光测距仪
17		方正度	[0，10]mm	5m 钢卷尺、吊线或激光扫平仪
18		地面表面平整度	≤ 4mm	2m 靠尺、楔形塞尺
19		地面水平度极差	[0，10]mm	激光扫平仪、具有足够刚度的 5m 钢卷尺（或 2m 靠尺、激光测距仪）
20		户内门洞尺寸偏差	高度偏差 [-10，10]mm； 宽度偏差 [-10，10]mm	5m 钢卷尺
21		外墙窗内侧墙体厚度极差	[0，4]mm	5m 钢卷尺
22		裂缝 / 空鼓	户内墙体完成抹灰后，墙面无裂缝、空鼓	空鼓锤
23	防水	卫生间涂膜厚度	最小厚度大于设计厚度 80%	游标卡尺、5m 卷尺
24		防水反坎	详见 7.2 节	5m 钢卷尺
25		防水性能	24H 蓄水，放水高度 2cm	
26	设备安装	坐便器预留排水管孔距偏差	[0，15]mm	5m 钢卷尺
27		排水管通畅性	管道坡度符合设计要求，拼接处无渗漏，管道排水通畅	通球试验
28		同一室内底盒标高差	[0，10]mm	激光扫平仪、5m 钢卷尺
29		电线管线通畅性	管道通畅	钢丝

续表

编号	分项工程	子项	允许偏差	检查工具
30	门窗安装	型材拼缝宽度（铝合金门窗）	≤ 0.3mm	钢塞片
31		型材拼缝高低差（铝合金－塑钢门窗）	≤ 0.3mm	钢尺或其他辅助工具（平直且刚度大）、钢塞片
32		铝合金门或窗框正面垂直度（铝合金－塑钢门窗）	[0，2.5]mm	1m/2m 靠尺
33		门窗框固定（铝合金－塑钢窗）	详见 9.4 节	5m 尺
34		边框收口与塞缝（铝合金－塑钢窗）	详见 9.5 节	空鼓锤

精装工程实测实量主要测量内容 **表 1.3-2**

编号	分项工程	子项	允许偏差	检查工具
1	水电隐蔽工程	排水管道通畅	排水管顺畅、无堵塞、破损，束接部位连接，排水管坡度不小于 1%	5m 钢卷尺、标线仪、水袋、目测
2		给水管道渗漏	束接、过桥、丝口、龙头、角阀、堵头部位无渗漏	5m 钢卷尺、水管打压工具、目测
3		冷热水管间距	水管间距 200mm 、交叉部位间距 30mm；水管安装应左热右冷	5m 钢卷尺
4		冷热水管埋管深度	详见 10.4 节	5m 钢卷尺、目测
5		电线线径	详见 10.5 节	游标卡尺
6		电线穿线数量	详见 10.6 节	目测、5m 钢卷尺、游标卡尺
7		电线暗盒定位	详见 10.7 节	5m 钢卷尺、标线仪
8		电线接头	详见 10.8 节	5m 钢卷尺、目测、摇表
9	墙地砖工程	墙地砖平整度要求	[0，3]mm	5m 钢卷尺、2m 靠尺、塞尺
10		墙砖垂直度要求	[0，2]mm	2m 垂直检测尺
11		墙地砖接缝高低差	瓷砖墙面、石材墙面 [0，0.5]mm	钢直尺、塞尺
12		墙地砖空鼓要求	饰面砖粘贴应牢固、无空鼓；单块砖边角允许有局部空鼓，但每自然间的空鼓砖不应超过总数的 5%	60 响鼓锤、便签
13		卫生间、阳台地面坡度要求	卫生间地面坡度应大于 1%，淋浴房地面坡度应大于 1.5%；卫生间门槛石与地砖应有 5 ~ 8mm 高低差	5m 钢卷尺、标线仪、深度游标卡尺
14		感官、色差	墙砖、地砖铺设颜色一致、无色差、爆瓷、破损、开裂	目测

续表

编号	分项工程	子项	允许偏差	检查工具
15	石膏板吊顶工程	石膏板吊顶龙骨间距	详见 13.1 节	5m 钢卷尺、标线仪
16		石膏板的水平度	顶部水平度误差 [0，3]mm	5m 钢卷尺、标线仪、塔尺
17		石膏板吊顶接缝高低差	瓷砖墙面、石材墙面、木材墙面 [0，0.5]mm	钢尺或其他辅助工具（平直且刚度大）、钢尺
18		石膏板吊顶节点（螺丝安装、接缝平整、开裂）	详见 13.4 节	5m 钢卷尺、标线仪、2m 靠尺、目测
19	集成吊顶工程	龙骨间距（集成吊顶）	详见 14.1 节	5m 钢卷尺、标线仪
20		扣板安装（集成吊顶）	吊顶扣板安装平整 [0，2]mm、板缝大小一致、无变形、破损、松动、色差	5m 钢卷尺、标线仪、目测
21	橱柜工程	柜体平整度、垂直度、安装完整	详见 15.1 节	目测、5m 卷尺、标线仪、2m 靠尺、60mm 水平尺
22		台面石材（橱柜工程）	详见 15.2 节	目测、标线仪、水平尺、5m 钢卷尺
23		门板（橱柜工程）	详见 15.3 节	标线仪
24		细部构造（橱柜工程）	详见 15.4 节	目测
25	木地板工程	地板平整度（强化复合、实木复合、实木地板）	[0，2]mm	2m 靠尺、楔形塞尺
26		地板接缝高低差（强化复合、实木复合、实木地板）	≤ 0.5mm	钢尺或其他辅助工具（平直且刚度大）
27		地板接缝宽度（强化复合、实木复合、实木地板）	≤ 0.5mm	钢尺
28		地板水平度极差（强化复合、实木复合、实木地板）	≤ 10mm	激光扫平仪、钢卷尺（或靠尺、激光测距仪）
29		感官（色差等）	表面无破损、划痕、色差、起鼓等现象	目测
30	木门工程	门扇、门套安装平整度、垂直度	平整度 [0，2]mm 垂直度 [0，2]mm	标线仪、1m 垂直检测尺、1m 靠尺和塞尺
31		门扇、门套安装感官	详见 17.2 节	目测
32		门扇、门套五金配件安装	无掉漆、划痕、变形；固定牢固、无松动	目测
33	涂饰工程	墙面表面平整度	[0，3]mm	2m 靠尺、楔形塞尺
34		墙面垂直度（涂饰工程）	[0，3]mm	2m 靠尺
35		墙面阴阳角方正度（涂饰工程）	[0，3]mm	阴阳角尺
36		顶棚（吊顶）水平度极差（涂饰工程）	≤ 10mm	激光扫平仪、塔尺
37		感官（涂饰工程）	详见 18.5 节	目测、空鼓锤
38	设备安装	设备检查	详见 19 节	目测、水袋

2. 基本工具

在测量工作中，必须对测量仪器、工具做到及时检查校正，加强维护保养、定期检修，以保证测量结果的准确性；对需要用电使用的工具是否有充足的电量也要进行检查，如水平扫描仪和测距仪，以确保测量过程顺利进行。此外，工具的使用有很多需要注意的地方，如使用靠尺检测实体的垂直度与平整度时，靠尺一定要与实体保持竖直状态，此时读数区的指针会左右摇摆，待其慢慢静止后，读取其显示的数据；在使用阴阳角尺测量实体角度大小时，阴阳角尺一定要保持水平，也就是使其上面的水平气泡保持在中间位置；在使用水平扫描仪时，若在一处测量完毕需要移至下一处进行测量时，一定要关闭电源，否则会对其准确性及使用寿命产生影响。实测实量需要的基本工具如表1.3-3所示。

实测实量基本工具　　表1.3-3

序号	工具名称	用途	照片
1	靠尺	检测实体的垂直度及平整度等	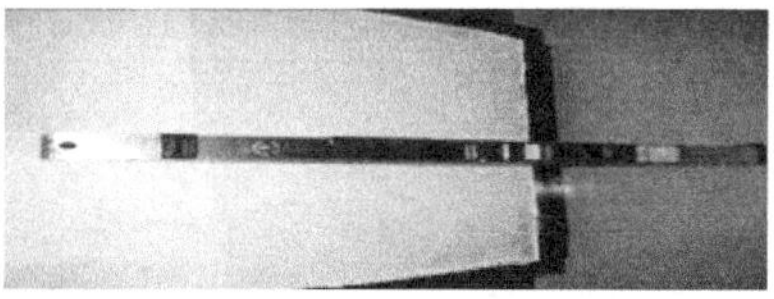
2	卷尺	检测实体的长度、宽度及厚度等	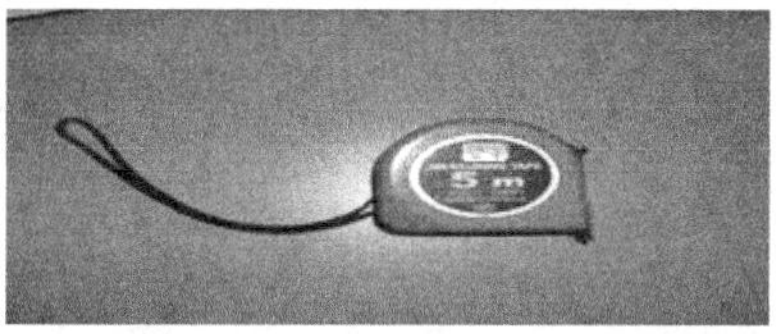
3	阴阳角尺	用来检测实体阴角及阳角的方正度等	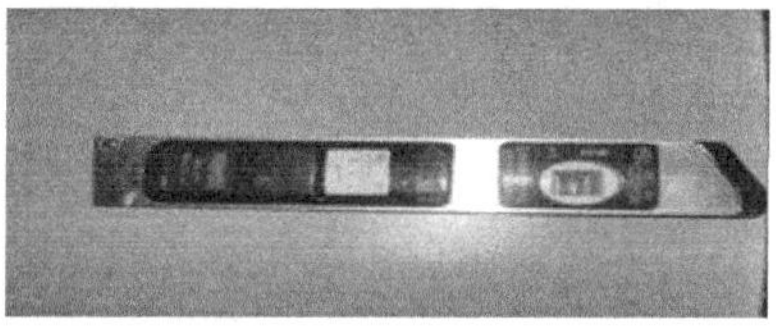
4	塞尺	检测实体的平整度及缝隙的大小等	
5	水平扫描仪和测距仪	检测实体顶棚的水平度、层高等	 

续表

序号	工具名称	用途	照片
6	空鼓锤	检查墙体、瓷砖等空鼓	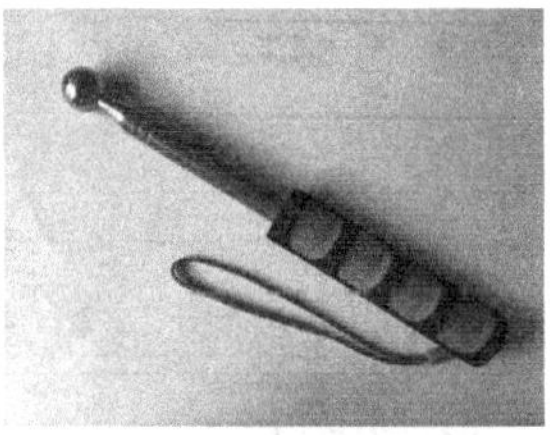
7	验电笔	电压检测、漏电检测	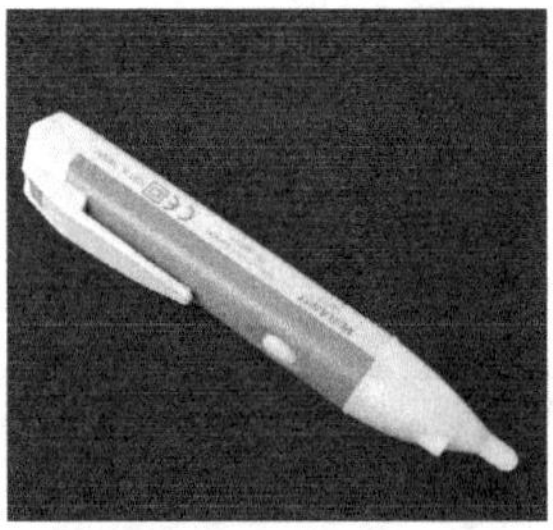
8	相位仪	电源插座检测、漏电检测	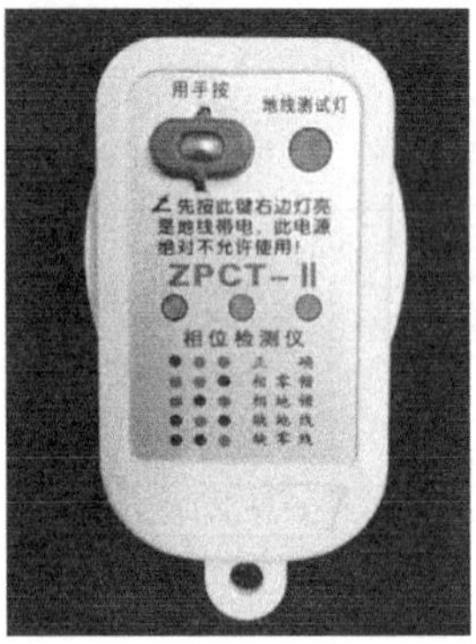

2　第三方实测实量保障体系

第三方实测实量体系的核心在于公平、公正、客观、操作透明。第三方如果离开公平、公正、客观、透明的立场，也就失去其存在的价值。

第三方实测实量，作为工程质量保障体系中重要的一个环节，从人员筛选、实施管理、廉政约束等措施上加以管控，确保第三方客观、公平、公正地将施工质量中的风险呈现出来，并且通过相互探讨、其他施工缺陷的预防、优秀施工工艺的推荐等多渠道进行项目质量提升，见图2。

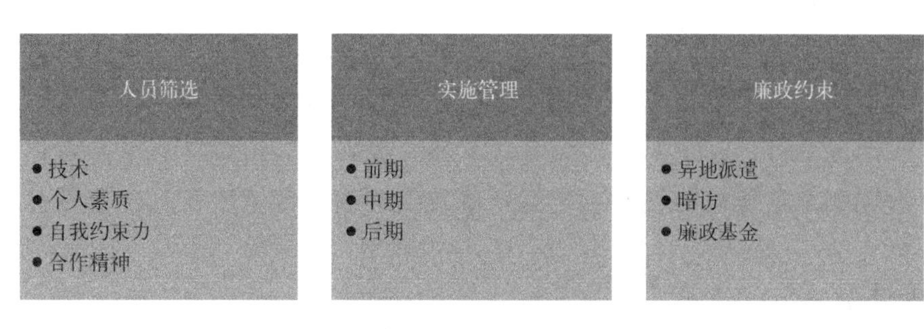

图2　第三方实测实量保障体系

2.1　人员筛选

实测实量的人员，对实测实量的实施至关重要。在整个实施过程中，人员的技术水平、个人素质要求、自我约束力、人员配合度等都对后期的实施过程产生一定的影响。

（1）技术水平：在实测过程中，应严格遵循实测操作索引进行实测，实测操作的定点、定位都必须精准，因为实测实量面对的对象既有甲级资质的施工企业、更有特级资质企业。过硬的技术要求，才能在实测过程中真正地体现出第三方的实际操作能力，才能在公开、透明的操作前提下体现实测实量的意义。

（2）个人素质：展示企业形象、文化的窗口。统一的着装及文明、礼貌、谦虚的态度都是个人素质的重要体现，同时在与各方接触中也能得到彼此良好的沟通。

（3）自我约束：在人员管理中，能够服从安排、统一管理；自我约束是能够在面对各种诱惑、变相赠与等灰色活动时，自我约束，确保实测的公平、公正性。实测实量的体系，是用数据诠释一切，失之毫厘谬以千里，细微的差别对实测结果都有可能产生或多或少的影响。

（4）合作精神：人员与配合人员之间的默契程度是实测效率性的体现。合理的实测实量人员筛选是第三方实测实量体系保持公平、公正的前提、是展开实测工作的保证。

2.2　实施管理

实测管理是在接受甲方指令后对实测项目组织实测的过程。主要分为前期管理准备、过程实施管理、后期管理三部分。

（1）前期管理准备：在实测展开前，应根据实测项目（混凝土、砌筑、防水、交付）等进行前期资料准备，打印相关实测记录表；根据实测要求准备实测工具，及时更换部分不适合施工现场的工具，使用检测工具的电池等配件是否需要更换；根据实测项目需要进行人员确定，并及时通知，提前安排行程，尤其部分线路需要提前进行网络购票、住宿预订等工作。前期的准备工作是确保实测的准时性、确保实测过程中工具等完好性、确保数据记录的准确性。

（2）过程实施管理：在项目现场采用现场负责人制度，对实测实施过程进行管理、人员具体工作安排。实测实量的现场人员根据现场工作需要大致可以分为：实测操作者、实测数据记录者、安全质量检查者、数据处理者、汇报者以及报告编制者。过程实施管理是实测实量实施的核心，是真正体现实测实量价值所在。合理的安排能事半功倍。

组织架构如图 2.2 所示：

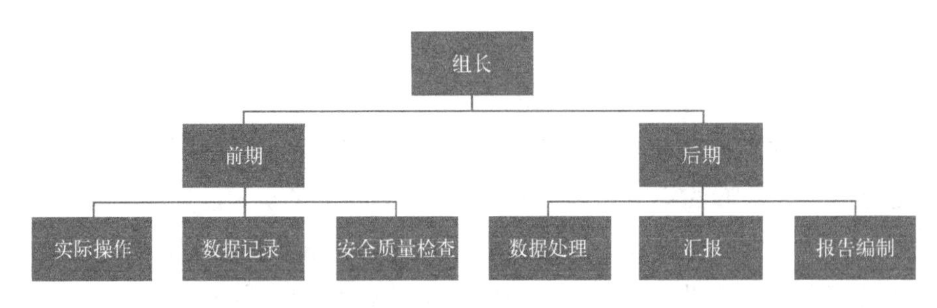

图 2.2　第三方实测实量工作小组架构

各类人员职责如表 2.2 所示：

实测实量小组成员岗位职责　　表 2.2

岗位	职责
组长	1. 全面负责实测实量工作的管理，为实测实量项目第一负责人
	2. 负责与开发商进行接洽，制定实测实量的目标，共同策划实测实量方案
	3. 明确小组其他人员岗位职责并进行绩效评估
	4. 对小组成员、仪器进行合理安排，加强对实测实量工作的控制，保证实测实量工作的有序进行

续表

岗位	职责
组长	5. 执行实测实量的相关标准、规范，定期对实测实量进程进行跟踪，及时发现实测实量中存在的问题并采取纠正和预防措施，实施持续改进
实际操作	1. 认真审阅有关图纸，参加设计图纸交底，了解设计意图
	2. 参与实测实量工作的策划，确保实测实量工作目标的实现
	3. 掌握土建（精装）工程实测实量所需要的各项工具
	4. 掌握土建工程实测实量的技术规范、质量评定标准
	5. 现场根据实测实量操作索引对实测项目进行操作，在操作要求上注意操作规范、正确
	6. 测量值超出规范要求的，进行严格、认真、仔细复测，并通知相关人员进行确认，以保证实测数据的真实性、可追溯性
数据记录	1. 工整记录操作者获得的数据，发现超出实测规范要求的应及时提醒操作者，并对复测进行比对
	2. 对记录数据部分需要进行明确细分：楼号、房号、位置、现象等，方便后期统计
	3. 对实测实量行为进行照片采集，采集的照片需要统一方式拍摄，确保实测的真实性
	4. 熟悉各种文档和数据的记录格式和要求
安全质量检查	1. 根据安全评分要求，对项目现场进行实地查看，发现问题及时取样拍照
	2. 查看相关安全资料，并对部分资料真伪进行判定，将安全生产落实在实际操作中
数据处理	核对并处理实测实量的现场数据，确保数据真实有效，能够通过以点带面的实测方式，反映该项目的真实情况
汇报	1. 汇报检测项目的部分风险
	2. 解释部分分项的优秀做法
	3. 分析如何规避其他风险（缺陷讲解）
	4. 沟通、探讨如何提升施工质量
报告编制	将实测实量结果以报告的形式进行通告，报告的内容主要包括问题现象、改进建议以及风险提示等

（3）后期管理：主要是对各次实测实量的资料进行资料整理。为了确保实测实量真实可信，对所有的资料都进行整理归档，便于后期查看、翻阅。资料主要包括：现场实测记录表、汇报实录视频、汇报图片整理、数据处理表。对实测项目进行季度分类、统计分析，是制定、调整后期实测实量的基本依据。

2.3 廉政约束

在公司层次上，确保实测实量的公平、公正性而制定相关廉政措施，有效保证实测实量员工的稳定性、自我规范性。

（1）人员异地派遣

所谓人员异地派遣就是每次实测实量前，临时选择参与实测的人员，派遣到之前未参与的项目或未去过的地区，避免同一个项目中相同检测人员连续两次到同一项目。此举一方面可以彻底从制度上规避工程师与项目施工、监理方同行人员密切接触的可能性，从而专心于项目的实施；另一方面可以强化内部竞争，不断增强骨干员工的能力，保障公司业务的顺利运作，促进公司内部文化和管理经验的交流和传播。

（2）人员暗访

所谓暗访就是管理人员便装对实测实量专业人员进行不定时的问询、监督与管理，及时发现问题、解决问题。暗访可以掌握一手资料，科学评估工程师的工作能力，有效规范工程师的作业流程、工作态度，减少工作中的懈怠可能性。值得注意的是，暗访不可滥用，避免为工程师带来过大压力，影响企业工作氛围；执行暗访前暗访人员要经过严格的筛选与培训，现场记录资料（照片、影像等）要进行严格甄别与筛选。

（3）廉政基金

第三方实测实量以公正客观为本，拒腐防变是实测实量人员应该具有的最起码的素质。廉政基金是指为保证工作人员更好地落实企业规定，保持工作的公正客观，按照奖罚分明的原则设立的企业基金，基金来源一部分为企业，另一部分为失职员工。建立“廉政基金”的目的和功效类似出示“黄牌”发出警告。防微杜渐，防腐败于未然，正是“廉政基金”制度的精髓要旨所在。廉政基金具有承诺性、警示性和奖励性，可以从主观意识上给每位实测人员一个警示和提醒，使他们时时都要想到自己是企业公正形象的代表，时时处处都要严格要求自己、约束自己，要慎用自己的权力；对于表现优异的员工进行奖励，也可以进一步提高工作人员抵抗诱惑的能力，有利于培养公平公正的企业文化。

3 第三方实测实量评估体系

建立第三方实测实量评估体系的目的在于：

（1）通过定期做第三方过程评估，识别项目建设过程中存在的质量、安全等风险，并及时消除风险和隐患。

（2）通过对质量缺陷和风险的整改措施的跟踪和落实，持续提升工程品质和项目管理水平，提高一次性交付合格率和客户满意度。

该评估体系适用于地产集团下属所有已进入主体结构施工且尚未完成竣工备案的毛坯住宅项目。

3.1 评估工作组织

1. 评估周期

按每季度进行组织，由集团项目管理部统一编制“季度项目评估工作计划”，各项目的具体评估时间将提前三天通知，第三方评估单位安排工作组人员遵循事前保密、全过程不泄露的原则。

2. 评估配合要求

由集团聘请第三方评估公司进行项目评估，区域公司项目管理部和事业部项目部全程参与本区域项目评估的配合、协调和现场见证，集团项目管理部将视情况需要进行项目评估的现场监督工作。

当项目出现停工迎检现象时，由第三方评估小组组长及集团项目管理部随同人员共同确定，上报项目管理部负责人确定，经核算后该次评估结果按评估综合得分的70%计算。

3. 结果应用

（1）每个项目检查完成后七天内由第三方评估单位提交项目评估简报，由集团项目管理部统一下发，区域公司项目管理部和事业部项目部应在收到报告7日内，对现场存在的质量、安全等相关风险问题书面回复集团项目管理部，须明确整改措施和时间。

（2）集团将根据区域公司项目管理部和事业部提交的整改完成报告（提交时间为整改完成后两个工作日内）采取随机抽查的方式进行现场复核，经复核发现未进行整改或整改不到位的将在下季度评估综合得分中进行扣分处理，逾期未提交整改完成报告的项目将直接视为未整改处理。各季度综合得分累加后作为集团考核区域公司和事业部年度最终排名的依据。

（3）年度（四个季度）评估检查完成后，编制集团层面的年度总结报告。

4. 评估流程

（1）会议安排：评估实施方案交底会，由集团项目管理部组织第三方评估单位给区域和事业部相关人员、施工单位、监理单位交底。

（2）评估配合（图纸、工具、电源、过程结果复核等）：由待评估项目事业部配合。

（3）待检部位抽签选择：待评估项目实测取样的楼栋，具体由施工单位项目经理随机抽签选取，房号由实测单位至楼栋内随机选取，同时顶楼与边户必测。

（4）公平公正、签字确认，一线复核：评估资料由区域和事业部、施工单位、监理单位一起签字确认，评估过程中若有异议可现场提出当场协调确认，采集数据出现场一律不再复核。

（5）确保公平公正措施（平面布置、弄虚作假、评估人员廉洁等）。

5. 奖惩措施

集团对具备实测实量检查条件的项目进行打分并强制排名，针对排名情况统筹考虑相应奖惩措施，以文件形式下发各区域公司进行宣贯，同时将实测实量排名纳入年终考核制度。

3.2 住宅第三方过程评估（实测实量）实施方案

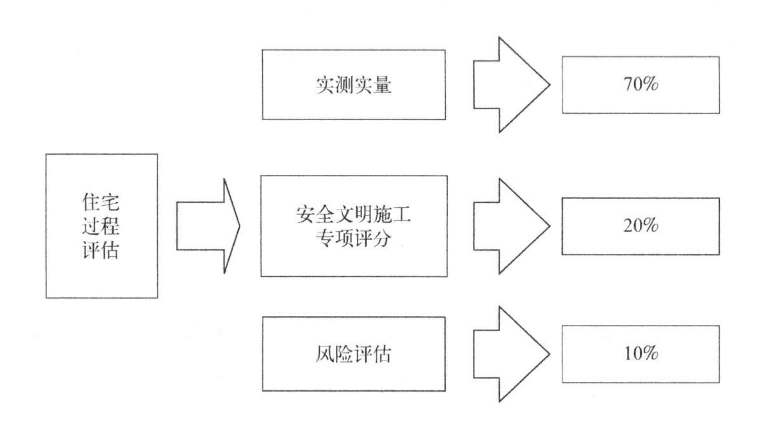

图 3.2-1 住宅第三方过程评估方法

过程评估标段综合得分 = 实测实量得分 ×70%+ 安全文明施工专项得分 ×20%+ 质量风险评估得分 ×10%

1. 实测实量总体框架

（1）实测实量编制依据（国家和地方规范、行业标准、企业标准、客户关注）。

（2）实测实量体系内容概括：尺寸控制、观感质量。

2. 实测实量检查原则

为保证公正、公平，采用随机抽选的方式，对标段内不同施工阶段随机选取实测测区，并遵守以下要求：

图 3.2-2 实测实量总体框架

（1）随机原则：各实测取样的楼层、房间、测点等，结合当前各标段施工进度，通过电脑软件随机抽选。

（2）可追溯原则：对实测实量的各项目标段结构层或房间的具体楼栋号、房号做好书面记录并存档。

（3）完整原则：同一分部工程内所有分项实测指标，根据现场情况具备条件的必须全部进行实测，不能有遗漏。

（4）效率原则：在选取实测套房时，要充分考虑各分部分项的实测指标的可测性，使一套房包括尽可能多的实测指标，以提高实测效率。

（5）真实原则：测量数据应反映项目的真实质量，避免为了片面提高实测指标，过度修补或做表面文章，实测取点时应规避相应部位，并对修补方案合理性进行检查。

（6）测区抽选数量：结构阶段每标段抽 4 层 8 户原则，实测时依据记录表要求全部满测，如果测区内测点不足时，测区向实测户边侧扩大进行补测，测满为止。

3. 质量风险总体框架

质量风险编制依据包括国家和地方规范、行业标准、企业标准、客户关注等。

质量风险总体框架如图 3.2-3 所示。

图 3.2-3 质量风险总体框架

4. 质量风险量化指标评分说明（见表 3.3）

测区选择：质量风险测区原则上在实测区内同步进行，地下室、屋面、露台、外墙为必选部位。具体由项目现场而定。

质量风险总分为 10 分（占总体系要求的 10%），扣完为止，不出现负分；每个检查子项分值确定为 5 分，扣完为止，不出现负分。

（1）本表《扣分标准》中所说的“施工方案”，是指已通过审批的施工方案。

（2）标段风险评价应得分为该检查项所有参与检查的“检查大项”分值之和；标段风险评价扣分为该检查项所有参与检查的“检查大项”扣分之和。

（3）标段风险评价得分率 =（参与的检查项总分 − 参与的检查区扣分）/ 检查项总分 ×100%。

（4）红线扣分项说明：

防渗漏或防开裂带★项总合格率低于 70%，对质量风险评估总分加扣 1 分；

防渗漏或防开裂带★项总合格率低于 50%，对质量风险评估总分加扣 3 分。

5. 安全文明总体框架

实测实量体系既包含质量，也包含安全（安全生产、文明施工），甚至某些开发企业在实测实量体系中还增加了施工进度等检查要素。因此，安全生产、文明施工是实测实量的重要组成之一，是质量保证的前提。安全文明总体框架如图 3.2-4 所示。

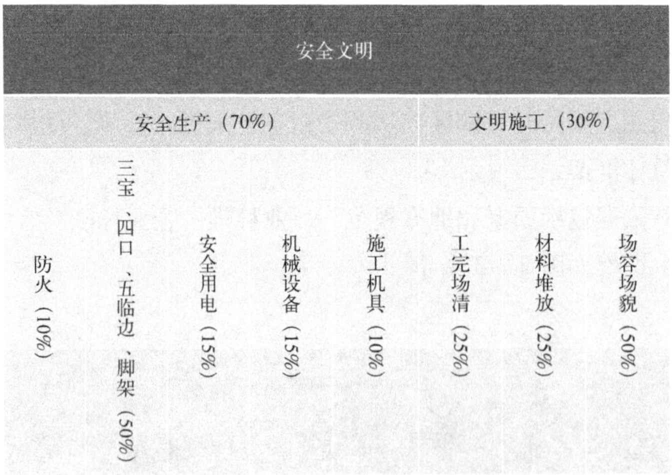

安全文明							
安全生产（70%）					文明施工（30%）		
防火（10%）	三宝、四口、五临边、脚架（50%）	安全用电（15%）	机械设备（15%）	施工机具（10%）	工完场清（25%）	材料堆放（25%）	场容场貌（50%）

图 3.2-4 安全文明总体框架

标段综合得分 = 实测实量 ×70%+ 安全文明 ×20%+ 质量风险得分 ×10%

6. 安全文明量化指标评分说明（见表 3.4）

（1）测区选择

①无法明确具体楼层（如材料防火、气瓶、安全帽等）在抓阄的楼幢内进行检查。

②可以明确具体楼层（如：洞口防护、电梯井等检查项）遵循现场“质量实测楼层”区域进行检查取点。

③服务整个施工现场的，明确检查数量：如二级电箱、加工棚等。

④地下室、屋面：(抓阄的楼幢的地下室、屋面进行检查。)

（2）明确细项分值

①各检查项目中，出现分项进行分值固定。

如：检查细项：电梯井内未按每隔两层且不大于 10m 设置安全硬防护检查。细项分值：每一处扣 2 分，单项总 5 分；检查范围：质量实测楼层；检查点数：共 4 处。

②细项分值扣分，不出现负分现象。

如：对洞口无围挡或遮盖安全生产进行检查。检查细则规定：每一处扣 2 分，单项共 10 分，检查区域质量实测楼层内，共检查 10 处。现场发现，出现 8 处不规范。现象扣分上限：最多扣 10 分，不出现负分。

（3）明确计分原则

现场对参与评估的安全生产进行评分计算，安全生产以合规率进行统计。

如现场：满足安全生产的检查项目：有安全帽、安全带、临边防护、洞口防护等共 10 项。合计 10 项的总分为 90 分，现场检查 10 项共得分为 80 分。

安全生产得分 $=80/90\times100=88.89$ 分

3.3　过程评估质量风险表

过程评估质量风险表　　表 3.3

检查大项	检查项	检查子项	扣分因素列举	检查子项总分	检查区域确定	扣分因素数量	扣分值
混凝土工程	外墙	外墙孔洞封堵	★外墙孔洞封堵不密实（如钢管未割除、孔洞未清理干净）	5	抽检 5 个楼层 5 个墙面，每面墙以 1 分计算		
	出屋面（含地下车库顶板）烟风道一次性浇筑	未随屋面一次性浇筑	★出屋面（含地下车库）烟风道泛水高度范围内存在砖砌体，或混凝土未随屋面一次浇筑	5	抽查 5 处，一处以 2 分计算，扣完为止		
		浇筑高度不足	出屋面（含地下车库）烟风道泛水高度浇筑高度不足（比完成面高出不少于 150mm）	5	抽查 5 处，一处以 2 分计算，扣完为止		
	混凝土墙面管线暗埋	混凝土墙面管线应暗埋、严禁后开槽；不得损坏钢筋；挂网、抹灰前用细石混凝土灌实	混凝土墙面后开槽；或预埋管线损坏钢筋	5	抽查 5 户，一处以 1 分计算，扣完为止		
	混凝土观感	混凝土构件不能夹渣、混凝土楼板浇筑后收面、混凝土构件不能出现孔洞、露筋	一般表面夹渣（如夹模板、垃圾、编织袋等达到钢筋保护层厚度）、混凝土板收面不佳，如有脚印、麻面、高低不平、混凝土构件出现孔洞（深于钢筋保护层厚度）、露筋	5	抽查 5 个楼层面，一处以 1 分计算，扣完为止		
	后浇带、悬臂构件支撑	是否独立搭设、支撑是否提前拆除	未独立搭设、搭设不符要求、后浇带支撑提前拆除	5	抽查 5 处，一处以 2 分计算，扣完为止		
	混凝土留洞	混凝土构件应按设计功能预留洞，不应后期钻凿洞	混凝土构件未预留洞，后期钻凿开洞、破坏构件钢筋	5	抽查 5 个楼层面，一处以 2 分计算，扣完为止		
	地下室顶板	重载	地下室顶板强度未达到要求堆积大量材料、行走重型车辆及大型设备、底部未按方案要求进行支撑现象	5	抽查 3 处，一处以 2 分计算，扣完为止		
	裂缝	混凝土构件产生裂缝	楼板、屋面板裂缝未有效修补即开展下道工序（应根据裂缝成因、裂缝状态、危害程度采用相应的处理措施。严重时应做结构裂缝鉴定，并根据鉴定报告意见编制专项方案，按方案处理）	5	抽查 5 个楼层面，一处以 2 分计算，扣完为止		
砌筑工程	卫生间	沉箱式卫生间侧排地漏	沉箱式卫生间底部未设置侧排地漏，或侧排地漏安装不正确	5	抽查 5 户，每户以 1 分计算		

续表

检查大项	检查项	检查子项	扣分因素列举	检查子项总分	检查区域确定	扣分因素数量	扣分值
砌筑工程	卫生间	卫生间给水管穿设	卫生间给水管直接从门下槛或导墙根部穿设	5	抽查5户，每户以1分计算		
	外墙	外墙砌筑质量	外墙灰缝不饱满、勾缝不到位、断砖、瞎缝、通缝	5	抽查5户，每户以1分计算		
		外墙构造柱	外墙构造柱浇筑不密实（如狗洞、露筋等）	5	抽查5户，每户以1分计算		
	外窗及窗框安装	外窗窗台压顶每边伸入墙体不小于200mm	★无窗台压顶；窗台压顶后浇后应密实、无裂缝、冷缝；压顶伸入墙体长度不足；成型质量差（如孔洞、漏浆、露筋、歪斜、开裂等）	5	抽查5户，每户以2分计算，扣完为止		
		外窗塞缝施工质量	无裂缝、空鼓；塞缝前应撕去与塞缝材料接触部位的包装纸；固定片安装应形成外低内高；安装完成后，清理窗框木楔或各类垫块，塞缝材料符合设计要求；	5	抽查5户，每户以1分计算，扣完为止		
		窗框与钢副框间应打发泡胶	窗框与钢副框间未打发泡胶，现场对发泡胶进行切割处理，塞缝不密实	5	抽查5户，每户以2分计算，扣完为止		
		外窗自身渗漏	外窗直接采取现场拼装，无泄水孔，加工过程中榫接部位未打胶，工艺孔封堵处理不当	5	抽查5户，每户以2分计算，扣完为止		
	混凝土导墙	是否漏设，高度是否满足要求（卫生间周边不低于200mm，露台、屋面周边填充墙底部、女儿墙底部不低于建筑完成面150mm）	★应设导墙处未设导墙（卫生间、露台、屋面女儿墙或侧墙、平台或宽度大于150mm线条根部、空调搁板根部、地下室隔墙毗邻可能有水的空间时），设置高度不足	5	抽查5户，每户以2分计算，扣完为止		
		导墙支模及浇筑质量	★导墙浇筑前结合面未剔凿到位（如出现缝隙、漏水等；特别是竖向结合面）	5	抽查5户，每户以2分计算，扣完为止		
			★导墙用木块、砖块等作为内撑，或用铁丝穿模，或使用普通螺杆	5	抽查5户，每户以2分计算，扣完为止		
			★导墙振捣、成型质量差（如孔洞、漏浆、露筋、歪斜、开裂等）	5	抽查5户，每户以2分计算，扣完为止		

续表

检查大项	检查项	检查子项	扣分因素列举	检查子项总分	检查区域确定	扣分因素数量	扣分值
砌筑工程	阳露台、水暖管井排水设施	地漏、雨水斗设置；阳露台地坪排水坡度	地漏标高未满足低于阳台地坪完成面 10 ～ 20mm、地漏排水管径；水暖管井无排水地漏	5	抽查 5 户，每户以 1 分计算		
	砌筑砂浆	楼层砂浆应垫板、现场不允许加水、不得使用已初凝的砌筑砂浆	楼层上堆放的砌筑砂浆无垫板或容器、现场加水、已初凝后继续使用	5	抽查 5 户，每户以 1 分计算		
	过梁	过梁符合设计和规范要求	过梁入墙长度不足 250mm；当过梁受平面限制入墙长度不足 150mm 时，未采用植筋及现浇的方式进行施工的	5	抽查 5 户，每户以 1 分计算		
	门垛砌筑质量	门垛砌筑应牢固	门垛存在开裂、不牢固的现象	5	抽查 5 户，每户以 1 分计算		
	补砌、补塞	补砌、补塞质量	一次性砌到顶或补砌、补塞质量差（如灰缝不饱满、顶塞不实、先码砖后抹缝、不符合节点大样图等）	5	抽查 5 户，每户以 1 分计算		
	砌体墙面管线暗埋、后开槽	后开槽应机械开槽，严禁人工剔凿开槽；严禁水平开槽；挂网、抹灰前用细石混凝土灌实	人工剔凿开槽；或水平开槽超过 500；抹灰前未将管槽用细石混凝土灌实	5	抽查 5 户，每户以 1 分计算		
	组砌方式	砌筑观感	★砌体墙出现透缝、灰缝不密实、瞎缝等	5	抽查 5 户，每户以 1 分计算		
		三线实心砖	砌体底部未按规范设置三线实心砖（地方标准禁止使用实心砖的地区公司除外，但项目须提供依据）	5	抽查 5 户，每户以 1 分计算		
	构造柱	构造柱支模时应设投料斗（高出构造柱顶 50mm）、对拉螺杆	构造柱支模时未设投料斗、未设穿过柱身的对拉螺杆；支模时穿透空心砌块；未伸到顶；成型质量差	5	抽查 5 户，每户以 1 分计算		
抹灰工程	外墙	抹灰后外墙不应出现渗漏	★抹灰后外墙出现渗漏（含外门窗周边渗漏）	5	抽查 5 户，每户以 1 分计算		
	抹灰基层处理	挂网、甩浆前应将墙体各种孔洞封堵、应修补结构缺陷、清理墙体表面杂物	★挂网、甩浆前未将墙体各种孔洞封堵、或封堵做法和质量不合规、结构缺陷修补和杂物清理不到位（含高低差用水泥砂浆填补）	5	抽查 5 户，每户以 1 分计算		
	挂网	外墙有否抗裂钢丝网、内墙是否有抗裂网、外墙钢丝网丝径、宽度、热镀锌、抗裂网锚固	不同材质墙面抹灰前未挂抗裂网、钢丝网丝径小于 0.7mm，或宽度小于 300mm，或未热镀锌、抗裂网锚固方式错误或不牢固	5	抽查 5 户，每户以 1 分计算		

续表

检查大项	检查项	检查子项	扣分因素列举	检查子项总分	检查区域确定	扣分因素数量	扣分值
抹灰工程	抹灰前墙面甩浆	抹灰前墙面应甩浆	抹灰前墙面未甩浆或甩浆质量差（粘结强度不足、严重不均匀）	5	抽查5户，每户以1分计算，扣完为止		
	抹灰质量	抹灰砂浆配合比合规、楼层上堆放砂浆应设垫板、不现场加水、初凝后不使用	★砂浆配合比不合规、楼层堆放不设垫板、现场加水、初凝后使用	5	抽查5户，每户以2分计算，扣完为止		
		分层抹灰，超过35mm抹灰层间加抗裂钢丝网	★未分层抹灰，超过35mm未加钢丝网	5	抽查5户，每户以2分计算，扣完为止		
		抹灰后养护措施合规，不空鼓、裂缝	★抹灰养护措施不合规；空鼓、开裂（反映问题性质，不反映数量）	5	抽查5户，每户以2分计算，扣完为止		
	空鼓开裂修补工艺	空鼓开裂应采用无齿锯切割，修补应规整	★修补不规整，产生开裂	5	抽查5户，每户以1分计算		
	抹灰墙面观感质量	抹灰层应具备一定强度	★抹灰层大面积起砂，强度低，手指能抠起洞	5	抽查5户，每户以2分计算，扣完为止		
	地坪观感质量	地坪不起砂、裂缝；同房间地面平整、无明显色差	地坪是否裂缝、是否起砂（按房间数）	5	抽查5户，每户以1分计算		
	开关插座高低差不明显，安装牢固	高低差不明显，安装牢固	高低差明显，安装不牢固	5	抽查5户，每户以1分计算		
装饰装修	卫生间	卫生间门槛石后贴	卫生间地砖施工完成后再进行门槛石铺贴	5	抽查5户，10个卫生间，每处以1分计算，扣完为止		
	地砖、石材空鼓	粘接牢固、不空鼓	墙地面是否空鼓	5	抽查5户，10个墙（地），每处以1分计算，扣完为止		
	涂料	色差、分隔缝、污染、流坠、透底、掉粉、开裂	分隔缝不合格；存在色差、污染、流坠、透底、掉粉、开裂现象	5	抽查5户，10个墙（顶），每处以1分计算，扣完为止		
	瓷砖、文化石	瓷砖质量、空鼓、粘贴、勾缝、是否泛碱、污染、不能出现朝天缝	瓷砖质量差；瓷砖未用专用粘结剂粘结、存在空鼓、泛碱、污染；出现朝天缝	5	抽查5户，10个墙（地），每处以1分计算，扣完为止		

续表

检查大项	检查项	检查子项	扣分因素列举	检查子项总分	检查区域确定	扣分因素数量	扣分值
装饰装修	外墙石材	勾缝、是否泛碱、污染	石材幕墙勾缝用胶错误、泛碱、色差、污染	5	抽查5户，5个墙（地），每处以1分计算		
	石膏板吊顶	吊顶水平高差合规、无开裂	吊顶标高偏差超标、吊顶存在开裂现象	5	抽查5户，5处顶板，每处以1分计算，扣完为止		
	铝板吊顶安装	吊顶安装平整，无色差、无接缝高低差，无翘曲离缝现象、板材无大小头现象	吊顶安装不平整，存在色差现象、存在接缝高低差，存在翘曲离缝现象、板材有大小头现象	5	抽查5户，5处顶板，每处以1分计算		
	壁纸施工质量	壁纸接缝不明显，无色差，收口合理、无空鼓和气泡现象	壁纸接缝明显，存在色差，收口不合理、存在局部空鼓和气泡现象	5	抽查5户，10个墙面，每处以1分计算，扣完为止		
	地砖、石材	表面平整、无接缝高低差、无明显色差和返碱	是否存在明显接缝高低差、是否存在明显色差和返碱	5	抽查5户，10个墙（地），每处以1分计算，扣完为止		
		坡度合理，无倒坡现象	坡度不合理，存在倒坡现象	5	抽查5户，5个地面，每处以1分计算		
	木地板	表面平整、接缝严密和勾缝密实，无接缝高低差、无空鼓松动现象	接缝和勾缝密实不严密，存在高低差、存在空铺和松动现象（空铺做法除外）	5	抽查5户，5个房间地面，每处以1分计算		
		与踢脚线结合严密无缝隙、踢脚线安装牢固无松动现象	与踢脚线存在接缝不严密有明显缝隙、踢脚线安装不牢固，有松动现象	5	抽查5户，10个墙面踢段，每处以1分计算，扣完为止		
	硅酮胶顺直，色泽一致，无污染	外侧耐候硅酮胶，内侧中性硅酮胶、打胶质量	外侧非耐候硅酮胶，内侧非中性硅酮胶打胶外观质量（顺直、色泽一致、无污染）	5	抽查5户，10扇窗户，每处以1分计算，扣完为止		
	开关插座	成品保护到位，无污染	成品保护不到位，存在污染现象	5	抽查5户，5个房间，每房间以1分计算		
	墙纸	成品保护到位，无污染	成品保护不到位，有污染现象	5	抽查5户，10个部位，每处以1分计算，扣完为止		

续表

检查大项	检查项	检查子项	扣分因素列举	检查子项总分	检查区域确定	扣分因素数量	扣分值
装饰装修	灯具	安装牢固，成品保护到位无污染	安装不牢固，成品保护不到位存在污染现象	5	抽查5户，每户以1分计算		
	洁具	安装牢固，成品保护到位，无污染和损坏，无堵塞	安装不牢固，成品保护不到位，存在污染、堵塞和损坏现象	5	抽查5户，每户以1分计算		
	安全性	窗台高度小于900mm的，应有防护栏杆，防护栏杆高度从可踏面起算不低于900mm	防护高度不满足要求	5	抽查5户，每户以2分计算，扣完为止		
		应使用安全玻璃的部位： （1）7层及以上外开窗； （2）底边距离最终装修面小于500mm的窗； （3）门扇玻璃； （4）单块面积大于1.5m^{2}的玻璃； （5）幕墙玻璃	未按规范使用安全玻璃	5	抽查5户，每户以3分计算，扣完为止		
		临空栏杆玻璃应使用双钢化夹胶玻璃；雨棚和天窗玻璃应使用夹胶玻璃	未按规范使用夹胶玻璃	5	抽查5户，每户以3分计算，扣完为止		
		临空栏杆高度：多层不小于1050mm，高层不小于1100mm。 临空栏杆竖向构件内空尺寸：不大于110mm	栏杆高度和竖向净空尺寸不符合规范	5	抽查5户，每户以3分计算，扣完为止		
		门窗、幕墙、栏杆刚度满足规范要求	刚度不满足规范要求（可现场手推玻璃或框架观察，再印证计算书和检测报告）	5	抽查5户，每户以1分计算，扣完为止		
	烟风道层间卸载、烟风道安装质量	烟风道壁厚；层间卸载数量是否足够、做法是否合理	烟风道壁厚不足；烟风道未按标准（国标或地标）卸载，且卸载层数超过3层；卸载做法不合理	5	抽查5户，每户以1分计算，扣完为止		
		安装上下对齐、非顶层在楼板位置对接	上下未对齐；不在楼板位置对接（顶层除外）	5	抽查5户，每户以1分计算，扣完为止		
	保温	材料厚度、燃烧性能	材料厚度、燃烧性能不合格	5	抽查3组，每组以3分计算，扣完为止		
		苯板保温有效粘贴面积、拼缝、锚栓、托架、收头、网格布包封和抗裂层	有效粘贴面积、拼缝、锚栓、托架不合格、收头不合理、网格布包封及抗裂层不合格，有开裂、渗漏隐患	5	抽查5层，5个墙面，每面墙以1分计算		

续表

检查大项	检查项	检查子项	扣分因素列举	检查子项总分	检查区域确定	扣分因素数量	扣分值
装饰装修	石材	石材材质及质量	将大理石用于外墙干挂或未对干挂大理石采取加固措施，厚度不符合规范	5	抽查5个墙面，每面墙以1分计算		
		龙骨质量及固定、连接；焊点防锈处理、干挂时，压顶水平面石材应固定在龙骨上，禁止用砖垫石材	龙骨质量差；固定或连接方式不牢固；焊点防锈处理不合格、未固定在龙骨上，或采用砖垫石材	5	抽查5个墙面，每面墙以2分计算，扣完为止		
防水专项	地下室	地下防水施工前基层处理	防水施工前基层处理不到位，钢筋头外露、孔洞未修补、模板拼缝错台	5	抽查5个作业面（以承台为中心5m以内），每个作业面按2分计算		
		地下室底板和侧墙防水搭接	地下室底板和侧墙防水搭接不合规（R角）	5	抽查5个搭接面（10m长为一处），每个搭接面按1分计算		
		地下防水区域混凝土裂缝处理	★地下防水区域混凝土裂缝处理不符合审批的方案，防水施工后仍存渗漏	5	抽查5个墙（顶板）面，每个墙面按2分计算，扣完为止		
		地下室是否按规范设穿墙套管；预埋质量；防水材料是否卷入50mm	未按规范设穿墙套管；预埋质量差；穿墙套管与墙面结构平齐时防水材料未卷入50mm	5	抽查5跨墙面，每跨墙面按1分计算		
		地下室外墙是否按规范设止水螺杆；止水螺杆端头一次性切割到位	未按规范设止水螺杆；端头处理不合规范，或螺杆切割后高出墙面	5	抽查5跨墙面，每跨墙面按1分计算		
		后浇带和施工缝止水钢板，止水措施（止水钢板、遇水膨胀止水条、止水凹槽）的施工质量	止水钢板不交圈、焊接、露出宽度不符合施工规范要求；遇水膨胀止水条嵌固不牢；止水凹槽深度宽度不足	5	抽查5处墙面或板面（5m长度），每处按2分计算，扣完为止		
	防水施工及构造	吊洞质量满足要求	吊洞封堵未分层施工，吊洞质量差（含铁丝吊洞）	5	抽查5户，每户按2分计算，扣完为止		
		防水基层应收光，表面应平整，清理干净，混凝土缺陷应事前修补	混凝土板面未收光，表面未清理干净，混凝土缺陷未修补	5	抽查5个（跨）墙面，每个墙面按1分计算		
		当泛水高度范围存在砖砌体时，应先抹灰再做泛水	泛水直接做在砌体基层上	5	抽查5个（跨）墙面，每个墙面按2分计算，扣完为止		

续表

检查大项	检查项	检查子项	扣分因素列举	检查子项总分	检查区域确定	扣分因素数量	扣分值
防水专项	防水施工及构造	防水层施工后，不应出现渗漏	★防水层施工后，出现渗漏	5	抽查5个（跨）墙面，每个墙面按2分计算，扣完为止		
		外窗台抹灰排水坡度应大于10%；女儿墙抹灰坡度应向内、窗楣抹灰应留滴水槽或滴水线（鹰嘴）	不符合要求	5	抽查5户，每户按1分计算		
		阳露台抹灰不能一次性抹到底，防水上翻高度范围内应先找平，待防水及刚性层完成后，再抹灰下底	不符合要求	5	抽查5户，每户按1分计算		
		在混凝土基层上做防水层时，防水材料应直接涂敷在混凝土基层上	防水材料与混凝土基层之间做了找平层（混凝土局部缺陷修补找平除外）	5	抽查5户（跨），每户按1分计算		
		聚氨酯涂膜、卷材防水施工时，基层应干燥	基层不干燥时施工聚氨酯涂膜、卷材防水	5	抽查5户（跨），每户按1分计算		
		阴角R角施工、防水附加层	未施工R角、防水附加层未施工到位	5	抽查5户（跨），每户按1分计算		
		屋面排水、檐口排水、变形缝	屋面排水、檐口排水、变形缝未按图施工，或设计本身不合理，或不符合规范和使用要求	5	抽查5处（跨），每处按1分计算		
		出屋面、地下室顶板和露台管道必须设刚性防水套管	★出屋面（含地下车库）管道未设刚性防水套管或刚性防水套管高度不足	5	抽查5处（跨），每处按2分计算，扣完为止		
		泛水高度内不能采用带PVC套管的穿墙螺杆	屋顶、露台结构板面上200mm高度内采用带PVC套管的穿墙螺杆	5	抽查5处（跨），每处按1分计算，扣完为止		
		屋面、露台、天沟预留排水孔	屋面、露台、天沟未预留排水孔，需后凿	5	抽查5处（跨），每处按2分计算，扣完为止		
扣分原则	涉及违反强条的，一处扣3分；涉及渗漏、开裂或结构安全且较为严重的，一处扣2分；其余一处扣1分						

3.4 安全生产评分表

安全生产评分表

表 3.4

检查方式及评分标准：
1、采用扣分制，如有无法检查项目，权重按实际检查项目得分进行汇总。
2、分项检查时按检查要点进行扣分处理，检查项目得分反映风险程度，当检查项目为负值时，得分按零分计取。
3、检查说明：原则上以一个违章点作为一个评分检查项。
4、检查说明：检查中，检查区域内无此项，其他楼栋随机抽取；在检查区域以外的安全风险不扣分，只做提示。

	检查项目	测区选择原则	检查分项（分项分值设定）	检查要点	分值	检查区说明	扣分值	实得分	权重
安全生产	防火（10%）	随机抽取楼栋	材料防火（20）	易燃易爆物品未分类存放，可燃物品存放及加工时未采取防火措施（每一处扣5分，单项20分）	100				10%
			现场防火（50）	灭火器材不按规范配置或失效或损坏的（每一处扣5分，单项20分）					
				高层建筑无临时消防给水系统或给水系统现场检查无水的（每一处扣10分，单项20分）					
				在建工程兼作住宿的（每一处扣10分，单项10分）					
			作业防火（10）	电焊、切割作业时无安全围挡措施（每一处扣10分，单项10分）					
			气瓶（20）	气瓶间距小于5m、距明火小于10m未采取隔离措施（每一处5分，单项5分）					
				气瓶未安装减压器、未设置防震圈、防护帽（每一处5分，单项5分）					
				乙炔瓶未安装回火防止器；使用或存放时平放的（每一处5分，单项5分）					
				气瓶存放不符合要求的（每一处5分，单项5分）					
	三宝、四口、五临边、脚手架（50%）	随机抽取楼栋	安全帽（5）	不戴安全帽的、安全帽破损或佩戴不符合要求的（每一人扣1分，单项3分）	100				50%
				施工现场有未成年儿童（每一人扣2分，单项2分）					
			安全带（5）	高处作业未佩戴安全带或安全带固定不规范（每一处扣2分，单项5分）					
			安全网（5）	外脚手架架体外侧未采用密目网封闭、网间连接不严或破损（每一处扣1分，单项5分）					

续表

	检查项目	测区选择原则	检查分项（分项分值设定）	检查要点	分值	检查区说明	扣分值	实得分	权重
安全生产	三宝、四口、五临边、脚手架（50%）	随机抽取楼栋	临边防护（临边：无围护设施或围护设施高度低于0.8m的楼层周边、楼梯侧边、平台或阳台、屋面周边和沟、坑、槽、深基础周边等边沿的简称）（20）	工作面边沿无临边防护或防护措施不严（每一处扣1分，单项5分）	100				50%
				电梯井口未设固定防护设施，底部未设不低于18cm高的挡脚板（每一处扣1分，单项5分）					
				电梯井内未按每隔两层且不大于10m设置安全硬防护的（每一处扣2分，单项5分）					
				土建施工阶段无外架楼栋周边未设置安全隔离区或未设置水平防护（每栋楼扣2分，单项5分）					
			洞口防护（10）	洞口无围挡或遮盖（每一处扣2分，单项10分）					
			通道口防护（5）	未搭设防护棚，棚顶未采用双层硬性防护或双层硬防护破损的（每处扣2分，单项5分）					
			卸料平台（10）	非工具式卸料平台或卸料平台安装方式存在安全隐患（锚固失效、不规范、钢索不规范等）（每一处扣3分，单项8分）					
				无限载标识（每一处扣1分，单项2分）					
			架体防护（40）	脚手架搭设高度未高于结构施工面的；内外架体系混搭；同步同跨内外架连接；外架钢管锈蚀严重、变形（每一处扣3分，单项5分）					
				外架连墙件设置是否符合规范及方案要求（每一处扣2分，单项10分）					
				外架剪刀撑设置不符合规范或方案要求（每一处扣2分，单项5分）					
				作业层脚手板未满铺或铺设不牢、不稳；同幢楼栋混用脚手板（每一栋楼扣2分，单项5分）					
				悬挑工字钢底部封闭不严；悬挑锚固失效；末端未出锚固200mm；钢索不规范（每一处扣2分，单项10分）					
				脚手架堆物荷载过大或堆放材料存在高坠风险的（每一处扣2分，单项5分）					

续表

	检查项目	测区选择原则	检查分项（分项分值设定）	检查要点	分值	检查区说明	扣分值	实得分	权重
安全生产	安全用电（15%）	随机抽取楼栋	配电箱与开关箱（60）	配电系统未采用三级配电、二级漏电保护系统（每一处扣2分，单项5分）	100				15%
				现场电缆浸泡水中；塔吊覆盖范围内的电箱未进行双层硬防护；设备接地不规范（每一处扣5分，单项10分）					
				非电工人员进行电箱接线等操作（每一处扣5分，单项10分）					
				违反“一机、一闸、一漏、一箱”的每一处（每一处扣5分，单项15分）					
				电箱无门、无锁、无防雨措施；箱体内未设置系统接线图和分路标记；无巡视维修（应每日填写）记录或填写不真实（每一处扣3分，单项10分）					
				配电箱与开关箱电器损坏或引出线混乱（每一处扣3分，单项10分）					
			现场照明（20）	地下室、楼梯、潮湿环境和手持照明灯未使用36V及以下安全电压的；36V变压器接地（每一处扣10分，单项20分）					
			配电线路（20）	电线老化、破皮未包扎的（每一处扣5分，单项15分）					
				线路穿过道路无保护或出箱电缆被重物覆盖（每一处扣2分，单项5分）					
	机械设备（15%）	随机抽取楼栋	吊篮或高空作业安全绳（40）	无防坠锁或失灵、超过标定期限；无上限位装置或失灵（每一处扣2分，单项5分）	100				15%
				悬挂机构前支架支撑在建筑物女儿墙上或挑檐边缘（每一处扣5分，单项10分）					
				使用破损的配重块或采用其他替代物，配重块未固定（每一处扣5分，单项10分）					
				吊篮内作业人员超过2人；未将安全带挂置在独立设置的专用安全绳上（每一处扣3分，单项5分）					
				作业人员未从地面进出吊篮或未作业时悬停在空中（每一处扣,3分，单项5分）					
				未设置安全带专用安全绳、未固定在建筑物可靠处、未设置安全锁、安全绳无磨损保护措施（每一处扣5分，单项5分）					

续表

	检查项目	测区选择原则	检查分项（分项分值设定）	检查要点	分值	检查区说明	扣分值	实得分	权重
安全生产	机械设备（15%）	随机抽取楼栋	施工升降机（30）	未安装渐进式防坠落安全器或不灵敏、使用超过标定期限（每一处扣5分，单项5分）	100				15%
				未安装极限开关、限位开关或不灵敏（每一处扣5分，单项5分）					
				未安装吊笼门机电连锁装置或不灵敏（每一处扣5分，单项5分）					
				楼层无防护门或者未及时关闭（每一处扣2分，单项5分）					
				升降机未验收，现场进行使用或操作人员无操作证（过期）（每一处扣2分，单项5分）					
				未设置出入口防护棚或设置不满足规范要求（每一处扣2分，单项5分）					
			塔吊（30）	塔吊基础积水或周边无防护措施（每一处扣5分，单项10分）					
				塔吊吊臂连墙固定件螺栓应出1.5丝扣；现场吊装货物无掉落风险、信号员现场无滞后指挥（每一处扣5分，单项15分）					
				塔吊专用配电箱存在私拉乱接、箱体无门、无锁、无防护措施（每一处扣2分，单项5分）					
	施工机具（10%）		施工机具（100）	机械传动外露部分有防护措施（每一处扣10分，单项25分）	100				10%
				加工区防护棚设置不规范（每一处扣10分，单项25分）					
				设备操作场所悬挂操作规程（每一处扣10分，单项25分）					
				电焊机无二次空载降压保护器或防触电装置、无防雨罩的（每一处扣10分，单项25分）					
综合得分					100.00%				

第二部分　土建工程篇

4　混凝土工程【GB 50204—2015】

混凝土工程实测实量共包括截面尺寸偏差、表面平整度、垂直度、顶板水平度极差、楼板厚度偏差 5 项内容。各分项指标说明、合格标准等依据《混凝土结构工程施工质量验收规范》GB 50204—2015）制定。

4.1　截面尺寸偏差

混凝土结构截面尺寸偏差见表 4.1。

混凝土结构截面尺寸偏差　　表 4.1

指标说明	反映层高范围内剪力墙、混凝土柱施工尺寸与设计图尺寸的偏差
合格标准	截面尺寸偏差 [-5，10]mm
测量工具	5m 钢卷尺
测量方法和数据记录	1. 使用钢卷尺测量同一墙 / 柱截面尺寸，单位精确至 mm。 2. 以同一墙 / 柱作为 1 个实测区，累计实测实量 20 个实测区。每个实测区从地面向上 300mm、1500mm 和 2000mm（涉及下面图片的修改）各测量截面尺寸 1 次，选取其中与设计尺寸偏差最大的数值，作为判断该实测实量指标合格率的 1 个计算点
示例	墙或柱 第二尺 1200 第一尺 300 地面
常见问题	1. 模板制作过程中尺寸控制不理想。 2. 浇筑混凝土时，出现胀模现象。 3. 放线误差过大，结构构件支模时因检查核对不细致造成外形尺寸误差。 4. 施工过程中，模板、支撑被踩踏、松动，造成截面尺寸误差较大

续表

后期影响	1. 混凝土表面不平整。 2. 混凝土结构位移、倾斜。 3. 混凝土结构凹凸、膨胀
防治措施	1. 严格按施工技术规程操作，浇筑混凝土后，应根据水平控制标志或弹线用抹子找平、压光、终凝后浇水养护。 2. 模板应用足够的承载力、刚度和稳定性，支柱和支撑必须支承在坚实的土层上，同时具有足够的支承面积，并防止浸水，以保证结构不发生过量下沉。 3. 混凝土强度达到 1.2MPa 以上，方可在已浇筑结构上走动。 4. 振捣混凝土时，不得冲击振动钢筋、模板及预埋件，以防止模板产生变形或预埋件位移或脱落。 5. 墙浇筑混凝土应分层进行，防止混凝土一次下料过多

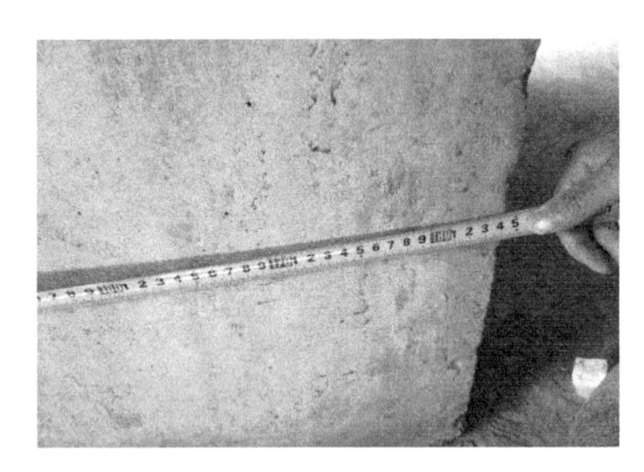

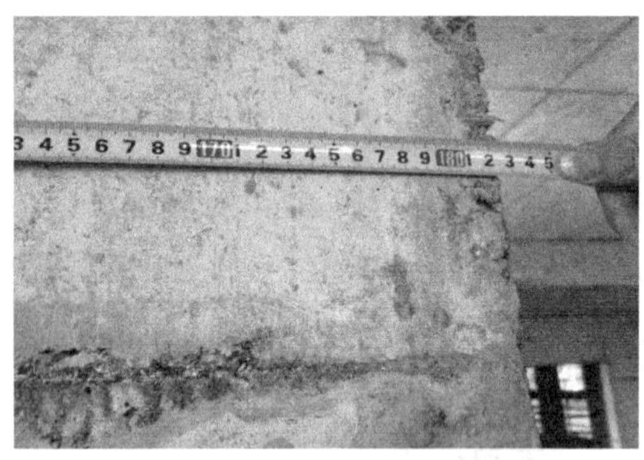

图 4.1　工程实例图片

此图为截面尺寸偏差测量，截面尺寸的测量既有横向尺寸检测，也有纵向尺寸检测。从左右图对比，偏差值约为 20mm。由于施工模板支撑不规范，胀模，导致尺寸偏差，大大超过了截面尺寸偏差 [−5，8] mm 的规范要求，必须进行整改到位，方可进入下道工序。

测量要点：注意所测方位是否符合规范要求，卷尺要求相对水平，在测量中上下移动，取中间值读数。

4.2　表面平整度

混凝土结构表面平整度见表 4.2。

混凝土结构表面平整度　　表 4.2

指标说明	反映层高范围内剪力墙、混凝土柱表面平整程度
合格标准	[0，8]mm
测量工具	2m 靠尺、楔形塞尺
测量方法和数据记录	1. 剪力墙 / 暗柱：累计实测实量 20 个实测区，任选长边墙两面中的一面作为 1 个实测区。 2. 所选墙长度小于 3m 时，在同一面墙 4 个角（顶部及根部）中取左上及右下 2 个角。靠尺需按 45° 角斜放，表面平整度累计测 2 次。其中，跨洞口部位必测。分别以这 2 个实测值作为该指标合格率的 2 个计算点。 3. 当所选墙长度大于 3m 时，除按 45° 角斜放靠尺测量两次表面平整度外，还需在墙长度中间水平放靠尺测量 1 次表面平整度。其中，跨洞口部位必测。分别以这 3 个实测值作为判断该指标合格率的 3 个计算点。 4. 混凝土柱：表面平整度可以不进行测量

续表

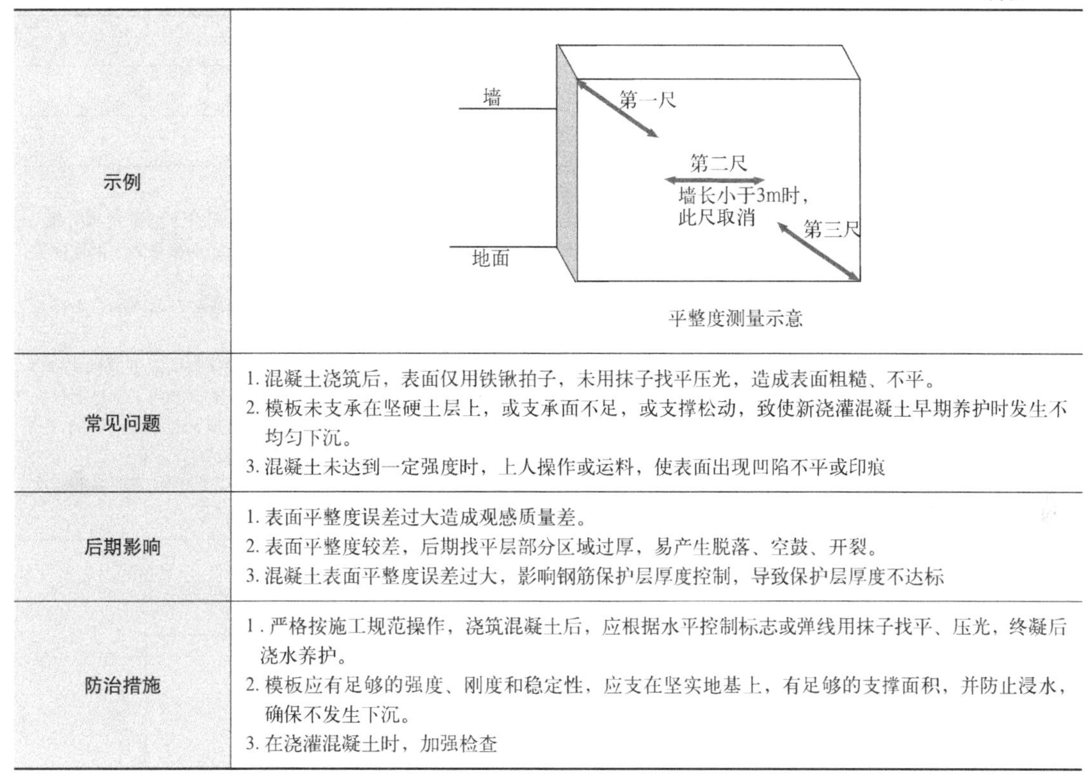

示例	平整度测量示意
常见问题	1. 混凝土浇筑后，表面仅用铁锹拍子，未用抹子找平压光，造成表面粗糙、不平。 2. 模板未支承在坚硬土层上，或支承面不足，或支撑松动，致使新浇灌混凝土早期养护时发生不均匀下沉。 3. 混凝土未达到一定强度时，上人操作或运料，使表面出现凹陷不平或印痕
后期影响	1. 表面平整度误差过大造成观感质量差。 2. 表面平整度较差，后期找平层部分区域过厚，易产生脱落、空鼓、开裂。 3. 混凝土表面平整度误差过大，影响钢筋保护层厚度控制，导致保护层厚度不达标
防治措施	1. 严格按施工规范操作，浇筑混凝土后，应根据水平控制标志或弹线用抹子找平、压光，终凝后浇水养护。 2. 模板应有足够的强度、刚度和稳定性，应支在坚实地基上，有足够的支撑面积，并防止浸水，确保不发生下沉。 3. 在浇灌混凝土时，加强检查

工程实例图片见图 4.2。

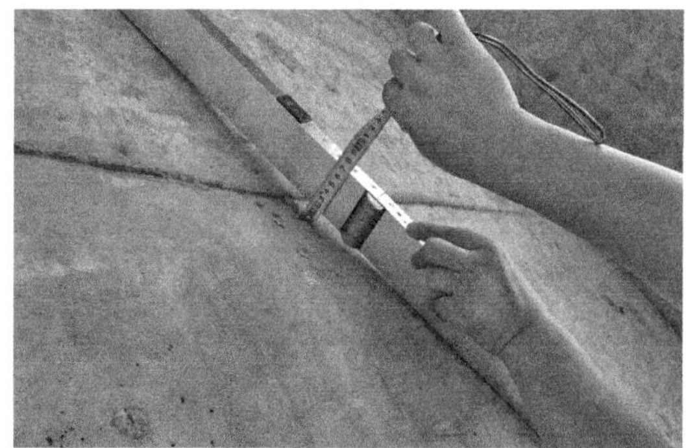

图 4.2 工程实例图片

平整度检测要点：所用工具是 2m 靠尺、楔形塞尺。左图为 2m 靠尺、楔形塞尺配合使用，进行混凝土墙面平整度检测（楔形塞尺最大检测范围为：15mm）；右图为平整度偏差较大，大于楔形塞尺测量范围，采用钢卷尺进行判断。

4.3 垂直度

混凝土结构垂直度见表 4.3。

混凝土结构垂直度　　表 4.3

指标说明	反映层高范围内的剪力墙、混凝土柱表面垂直程度
合格标准	层高≤ 6m 允许偏差 [0，10]mm；层高＞6m 允许偏差 [0，12]mm
测量工具	经纬仪或吊线、尺量
测量方法和数据记录	1. 剪力墙：累计实测实量 20 个实测区。任取长边墙的一面作为 1 个实测区。 2. 当墙长度小于 3m 时，同一面墙距两端头竖向阴阳角约 30cm 的位置，分别根据以下原则实测时量 2 次：（1）当靠尺顶端接触到上部混凝土顶板位置时测量 1 次垂直度；（2）当靠尺底端接触到下部地面位置时测量 1 次垂直度。 3. 混凝土墙体洞口一侧为垂直度必测部位。分别以这 2 个实测值作为判断该实测指标合格率的 2 个计算点。 4. 当墙长度大于 3m 时，同一面墙距两端头竖向阴阳角约 30cm 和墙中间位置，分别按以下原则实测 3 次：（1）当靠尺顶端接触到上部混凝土顶板位置时测 1 次垂直度；（2）当靠尺底端接触到下部地面位置时测 1 次垂直度；（3）在墙长度中间位置靠尺基本在高度方向居中时测 1 次垂直度。混凝土墙体洞口一侧为垂直度必测部位。分别以 3 个实测值作为判断该实测指标合格率的 3 个计算点。 5. 混凝土柱：任选混凝土柱四面中的两面，将靠尺顶端接触到上部混凝土顶板和下部地面位置时各测 1 次垂直度。分别以这 2 个实测值作为判断该实测指标合格率的 2 个计算点
示例	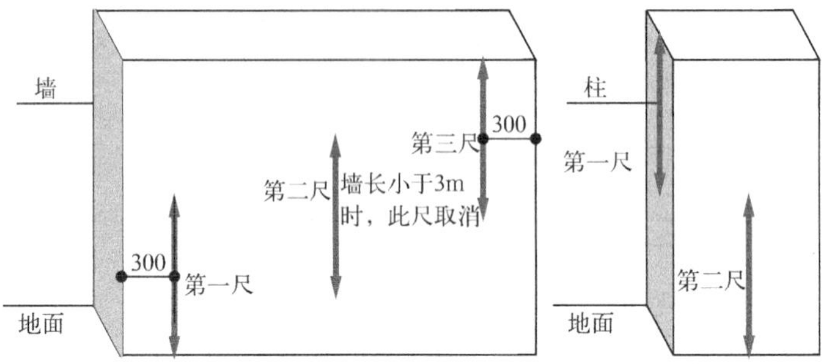 墙　地面　300　第一尺　第二尺　墙长小于3m时，此尺取消　第三尺　300 墙垂直度测量示意 柱　地面　第一尺　第二尺 柱垂直度测量示意
常见问题	1. 工程墙柱模板的方楞用的是木方，存在先天的不足。由于木方刚度不够，故墙柱的垂直度得不到保证。 2. 模板重复使用，不能满足现场要求造成墙柱垂直度得不到保证
后期影响	1. 混凝土体垂直度误差过大造成观感质量差。 2. 混凝土体垂直度较差，后期找平层部分区域过厚，易产生脱落、空鼓、开裂。 3. 混凝土体表面垂直度偏差较大影响后期装饰工程施工
防治措施	1. 支架的支承部分和大型竖向模板必须安装在坚实的地基上，并应有足够的支承面积，以保证结构不发生下沉。如在湿陷性黄土地基上安装支架时，必须有防水措施，防止积水而造成模板沉陷变形；如为冻胀性土，还必须保证结构在土质冻结及融化时能保持设计标高。 2. 柱模板外面应设置柱箍。一般柱子底部混凝土水平侧压力较大，该处柱箍要加密。现浇框架群柱模板，宜左右拉结形成一个整体，现浇柱预制梁结构，柱模板四周应支上斜撑或斜拉杆，用花篮螺栓调节，以保证其垂直度。 3. 混凝土浇筑前应仔细检查模板尺寸和位置是否正确，支撑是否牢固，穿墙螺栓是否锁紧，发现问题，及时处理。 4. 混凝土浇筑时，每排柱子应由外向内对称顺序进行，不得由一端向另一端推进，防止柱子模板倾斜。 5. 板墙浇筑混凝土应分层进行，第一层混凝土浇筑厚度为 50cm，然后均匀振捣；上部墙体混凝土分层浇筑，每层厚度不得大于 1m。避免混凝土一次下料过多。 6. 独立柱混凝土初凝前，应对其垂直度再次进行校核，如有偏差应及时调整。 7. 为防止组合柱浇筑混凝土时发生鼓胀，影响外墙平整，应在外墙每隔 1m 左右设两根拉条，与钢模或内墙拉结

图 4.3　工程实例图片

图示为垂直度检测。垂直度检测要点是首先保证靠尺相对垂直，以指针能自由晃动为标准。在读取测量值时注意，不要在最大值或者最小值读数。要等指针相对晃动静止情况下方可读取数据。

4.4　顶板水平度极差

混凝土结构顶板水平度极差见表 4.4。

混凝土结构顶板水平度极差　　表 4.4

指标说明	考虑实际测量的可操作性，选取同一功能房间混凝土顶板内四个角点和一个中点距离同一水平基准线之间 5 个实测值的极差值，综合反映同一房间混凝土顶板的平整程度
合格标准	[0，15]mm
测量工具	激光扫平仪、具有足够刚度的 5m 钢卷尺（或 2m 靠尺、激光测距仪）
测量方法和数据记录	1. 累计实测实量 8 个实测区，同一功能房间混凝土顶板作为 1 个实测区。 2. 使用激光扫平仪在实测板跨内打出一条水平基准线。在同一实测区距顶板天花线约 30cm 位置处分别选取 4 个角点，并加上板跨几何中心位（若板单侧跨度较大可在中心部位增加 1 个测点），分别测量混凝土顶板与水平基准线之间的 5 个垂直距离。 3. 以最低点作为基准点，分别计算另外四点与最低点之间的偏差。偏差值≤ 15mm 时实测点合格；当最大偏差值≤ 20mm 时，5 个偏差值（基准点偏差值以 0 计）的实际值作为判断该实测指标合格率的 5 个计算点。最大偏差值> 20mm 时，5 个偏差值均按最大偏差值计，作为判断该实测指标合格率的 5 个计算点。 4. 所选 2 套房中顶板水平度极差的实测区不满足 8 个时，需增加实测套房数
示例	300 300 第一点　第二点 300 300 第五点　房间 300 300 第四点　第三点 300 300 顶板水平度测量示意

续表

常见问题	1. 模板重复利用，模板表面平整度不能满足要求。 2. 底板水平钢管水平度控制不满足要求。 3. 支架的支承部分和大型竖向模板未安装在坚实的地基上，未有足够的支承面积，结构发生下沉
后期影响	1. 混凝土板底面修补平整后，抹灰层容易产生开裂、空鼓现象。 2. 顶板水平极差较大影响后期装饰工程施工。 3. 顶板水平度偏差较大时，后期维修易影响室内层高，导致层高不能满足设计要求
防治措施	1. 模板平整度控制，实行对模板的平整度进行控制检查。 2. 为了减小整板倾斜，加强板底水平钢管水平度控制。 3. 为了减少板边角下沉，支模时板底方木间距不能超过 250mm，靠近梁边的方木距梁边少于 150mm；清理不符合要求的钢管；布料机底部需要加支撑。 4. 为了减少跨度较大板的中间下沉，严格按《混凝土结构工程施工质量验收规范》要求进行起拱

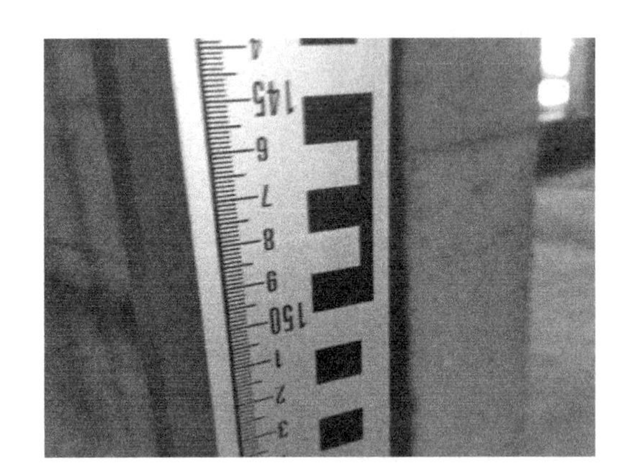
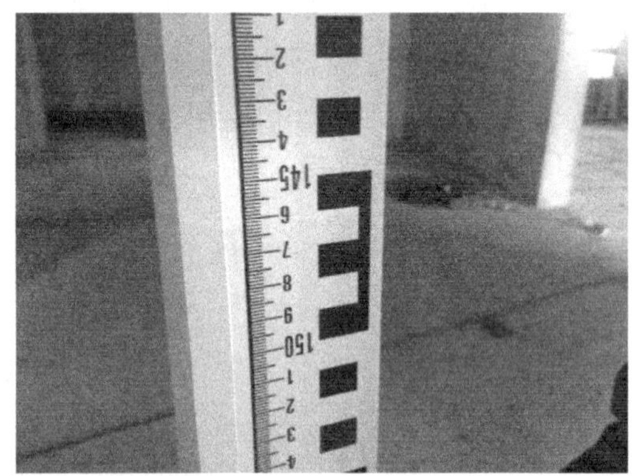

图 4.4 工程实例图片

左图与右图为同一室内，顶棚水平度偏差为 20mm。

顶板水平度检测要点，注意检测方位符合规范要求，检测塔尺要求相对垂直时，可以前后左右移动，确定中间值相对稳定，方可以测量读数。

4.5 楼板厚度偏差

表 4.5

指标说明	反映同跨板的厚度施工尺寸与设计图尺寸的偏差
合格标准	[-5，8]mm
测量工具	超声波楼板测厚仪（非破损法）或卷尺（破损法）
测量方法和数据记录	1. 累计实测实量 10 个实测区，同一跨板作为 1 个实测区。在每个实测区选取 1 个样本点，取点位置为该板跨中 1/3 处的区域。 2. 测量所抽查跨的楼板厚度：（1）采用非破损法测量时将测厚仪发射探头与接收探头分别置于被测楼板的上下两侧，仪器上显示的值即为两探头之间的距离，移动接收探头，当仪器显示为最小值时，即为楼板的厚度；（2）采用破损法测量时，可用电钻在板中钻孔（需特别注意避开预埋电线管等），以卷尺测量孔眼厚度。1 个实测值作为判断该实测指标合格率的 1 个计算点。 3. 当所选 2 套房中楼板厚度偏差的实测区数量不满足 10 个时，需增加实测套房数

续表

示例	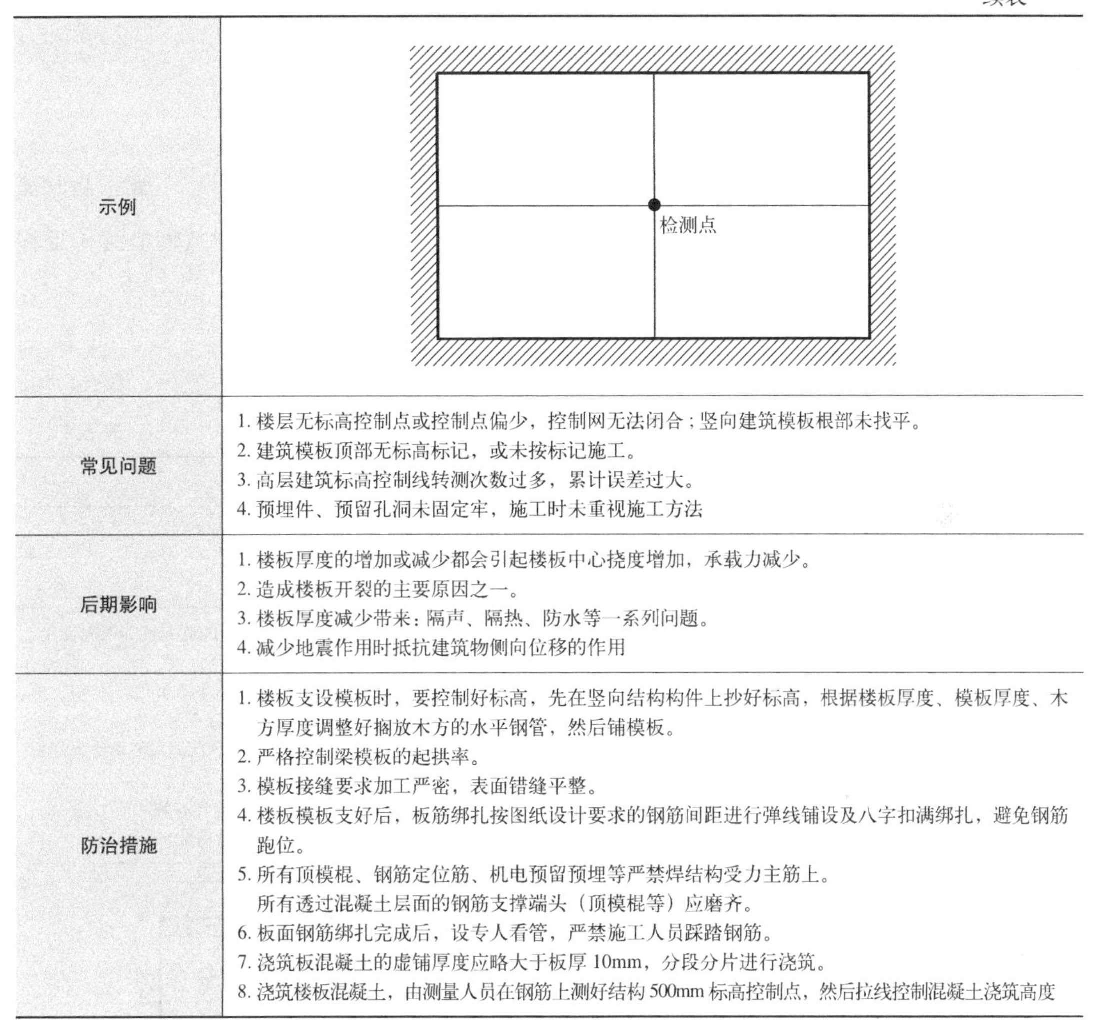
常见问题	1. 楼层无标高控制点或控制点偏少，控制网无法闭合；竖向建筑模板根部未找平。 2. 建筑模板顶部无标高标记，或未按标记施工。 3. 高层建筑标高控制线转测次数过多，累计误差过大。 4. 预埋件、预留孔洞未固定牢，施工时未重视施工方法
后期影响	1. 楼板厚度的增加或减少都会引起楼板中心挠度增加，承载力减少。 2. 造成楼板开裂的主要原因之一。 3. 楼板厚度减少带来：隔声、隔热、防水等一系列问题。 4. 减少地震作用时抵抗建筑物侧向位移的作用
防治措施	1. 楼板支设模板时，要控制好标高，先在竖向结构构件上抄好标高，根据楼板厚度、模板厚度、木方厚度调整好搁放木方的水平钢管，然后铺模板。 2. 严格控制梁模板的起拱率。 3. 模板接缝要求加工严密，表面错缝平整。 4. 楼板模板支好后，板筋绑扎按图纸设计要求的钢筋间距进行弹线铺设及八字扣满绑扎，避免钢筋跑位。 5. 所有顶模棍、钢筋定位筋、机电预留预埋等严禁焊结构受力主筋上。 所有透过混凝土层面的钢筋支撑端头（顶模棍等）应磨齐。 6. 板面钢筋绑扎完成后，设专人看管，严禁施工人员踩踏钢筋。 7. 浇筑板混凝土的虚铺厚度应略大于板厚 10mm，分段分片进行浇筑。 8. 浇筑楼板混凝土，由测量人员在钢筋上测好结构 500mm 标高控制点，然后拉线控制混凝土浇筑高度

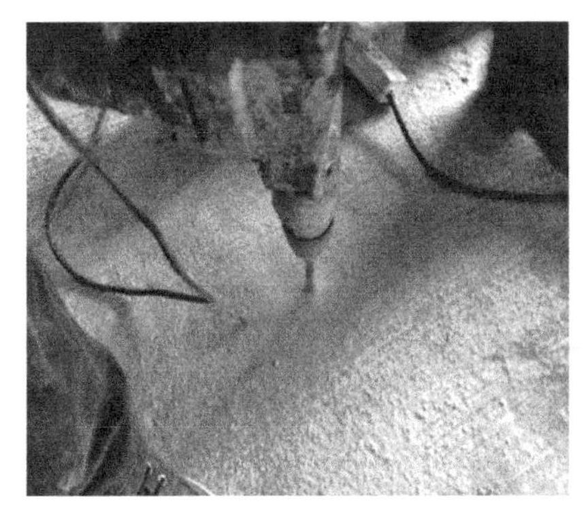
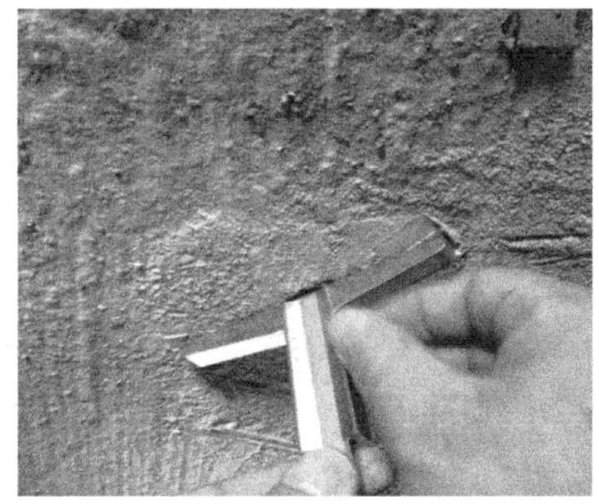

图 4.5　工程实例图片

楼板测厚要点：楼板厚度检测采用破损法，用钻头现场打孔，钻孔孔径应大于深度游标卡尺直径、孔径应垂直、下侧托板应平整。

5 砌体工程【GB 50203—2011】

砌体工程实测实量共包括表面平整度、垂直度、外门窗洞口尺寸偏差、重要预制或现浇构件、砌筑工序 5 项内容。本章各分项指标说明、合格标准等依据《砌体结构工程施工质量验收规范》GB 50203—2011 制定。

5.1 表面平整度

表 5.1

指标说明	反映层高范围内砌体墙体表面平整程度
合格标准	[0，8]mm
测量工具	2m 靠尺、楔形塞尺
测量方法和数据记录	1. 累计实测实量 10 个实测区。每一面墙均可以作为 1 个实测区，有门窗、过道洞口的墙面优先。测量部位应选择正手墙面。 2. 当墙面长度小于 3m 时，在各墙面顶部和根部 4 个角中，分别取左上及右下 2 个角。按 45° 角斜放靠尺分别测量 2 次，以其实测值作为判断该实测指标合格率的 2 个计算点。 3. 当墙面长度大于 3m 时，还需在墙长度中间位置增加 1 次水平测量，其中 3 次测量值均作为判断该实测指标合格率的 3 个计算点。 4. 墙面有门窗、过道洞口的，在各洞口 45° 斜交处各测一次，作为新增实测指标合格率的 1 个计算点。 5. 所选 2 套房中墙面表面平整度的实测区数量不满足 10 个时，需增加实测套房数
示例	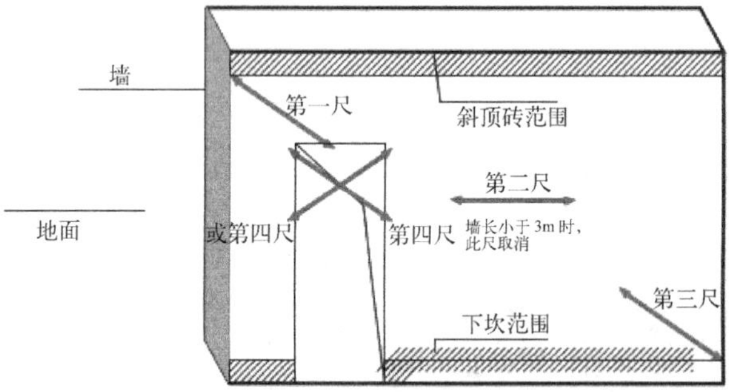 墙　第一尺　斜顶砖范围　第二尺　地面　或第四尺　第四尺　墙长小于 3m 时，此尺取消　第三尺　下坎范围 平整度测量示意 （注：第四尺仅用于有门洞墙体）
常见问题	1. 有腰梁部位的砌筑，腰梁浇筑不平整。 2. 砌墙未挂线。 3. 在浇筑混凝土构造柱或圈梁时，墙体未采取必要的加固措施，以致将部分石砌体挤动变形，造成墙面倾斜
后期影响	1. 表面平整度误差过大造成观感质量差。 2. 影响后期抹灰层施工，容易引起空鼓、开裂
防治措施	1. 对有腰梁设置的部位，控制腰梁尺寸。 2. 砌筑时必须认真跟线。 3. 砌筑中认真检查墙面平整度，发现偏差过大时，及时纠正

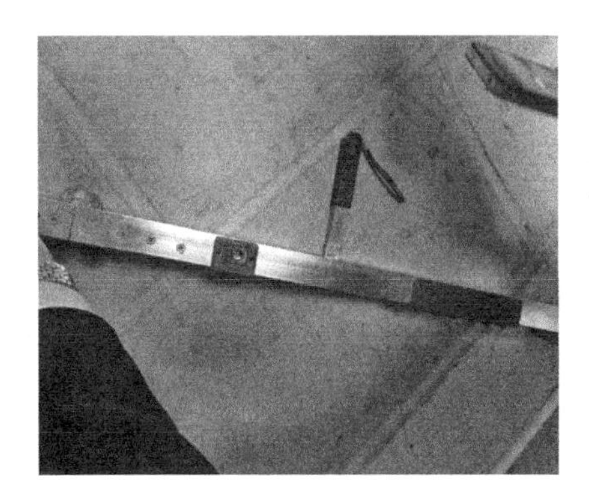

图 5.1 工程实例图片

检测要点：确定测量方位，特别注意要求是同一砌体，特别注意避开上方塞砖和下坎范围水平砖，塞尺取最大值为读数值。

5.2 垂直度

表 5.2

指标说明	反映层高范围砌体墙体垂直的程度
合格标准	[0，5]mm
测量工具	2m 靠尺
测量方法和数据记录	1. 累计实测实量 10 个实测区。每一面墙都可以作为 1 个实测区，有门窗、过道洞口的墙面优先。所选 2 套房中墙面垂直度的实测区数量不满足 10 个时，需增加实测套房数。测量部位应选择正手墙面。 2. 实测值主要反映砌体墙体垂直度，为消除其测量值的影响，应避开墙顶梁、墙底灰砂砖或混凝土反坎、墙体斜顶砖。若两米靠尺过高不易定位，可采用 1m 靠尺进行测量。 3. 当墙长度小于 3m 时，同一面墙距两侧阴阳角约 30cm 位置，分别按以下原则实测 2 次：(1) 靠尺顶端接触到上部砌体位置时测 1 次垂直度；(2) 靠尺底端距离下部地面位置约 30cm 时测 1 次垂直度。墙体洞口一侧为垂直度必测部位。分别以这 2 个实测值作为判断该实测指标合格率的 2 个计算点。 4. 当墙长度大于 3m 时，同一面墙距两端头竖向阴阳角约 30cm 和墙体中间位置，分别按以下原则实测 3 次：(1) 当靠尺顶端接触到上部砌体位置时测 1 次垂直度；(2) 当靠尺底端距离下部地面位置约 30cm 时测 1 次垂直度；(3) 在墙长度中间位置靠尺基本在高度方向居中时测 1 次垂直度。分别以这 3 个测量值作为判断该实测指标合格率的 3 个计算点
示例	墙 斜顶砖范围 300 第二尺 第三尺 300 第一尺 墙长小于3m时，此尺取消 下坎范围 地面 墙垂直度测量示意

续表

常见问题	1. 砌墙面未挂线。 2. 砌筑时未随时检查砌体表面的垂直度，以致出现误差后，未能及时纠正。 3. 在浇筑混凝土构造柱或圈梁时，墙体未采取必要的加固措施，以致将部分石砌体挤动变形，造成墙面倾斜
后期影响	1. 墙面垂直度偏差过大，影响承载力和稳定性。 2. 砌筑施工时，砌筑砂浆饱满度不够、厚度不足，砌筑接搓不合要求，墙面不平整、垂直度差等问题，也是墙体开裂的因素。 3. 影响后期装饰工程
防治措施	1. 砌筑时必须认真跟线。 2. 砌筑中认真检查墙面垂直度，发现偏差过大时，及时纠正。 3. 浇筑混凝土构造柱和圈梁时，必须加好支撑。混凝土应分层浇灌，振捣不过度

图 5.2　工程实例图片

检测要点：确定测量方位，特别注意要求是同一砌体，特别注意避开上方塞砖和下坎范围水平砖，保证靠尺相对垂直，以指针能自由晃动为标准。在读取测量值时注意，不要在最大值或者最小值读数。要等指针相对晃动静止情况下方可读取数据。

5.3　外门窗洞口尺寸偏差

表 5.3

指标说明	反映洞口施工与图纸的尺寸偏差，以及外门窗框塞缝宽度，间接反映窗框渗漏风险
合格标准	[-10，10]mm
测量工具	5m 钢卷尺或激光测距仪
测量方法和数据记录	1. 对于平外墙面的门窗洞口：累计实测实量 10 个实测区，同一外门或外窗洞口均可作为 1 个实测区。当所选 2 套房中的外门窗洞口尺寸偏差的实测区数量不满足 10 个时，需增加实测套房数。 2. 测量时以砌体边对边，不包括抹灰收口厚度，各实测实量 2 次门洞口宽度及高度净尺寸（对于落地外门窗，在未做水泥砂浆地面时，高度可不测），取高度或宽度的 2 个实测值与设计值间的偏差最大值，作为判断高度或宽度实测指标合格率的 1 个计算点

续表

示例	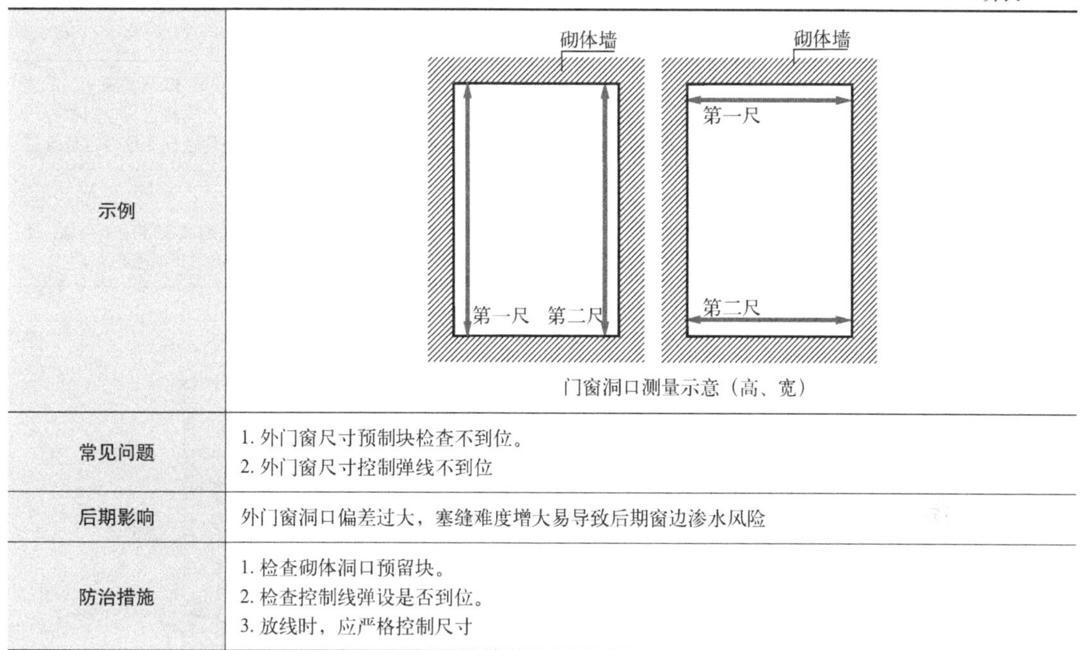 门窗洞口测量示意（高、宽）
常见问题	1. 外门窗尺寸预制块检查不到位。 2. 外门窗尺寸控制弹线不到位
后期影响	外门窗洞口偏差过大，塞缝难度增大易导致后期窗边渗水风险
防治措施	1. 检查砌体洞口预留块。 2. 检查控制线弹设是否到位。 3. 放线时，应严格控制尺寸

图 5.3 工程实例图片

检测要点：注意检测方位要符合要求，检测时激光测距仪底部要放平，激光点要与测量基座点相对称的位置，严禁歪斜检测。常规方式是多测量数据，取最小值为读数值。

5.4 重要预制或现浇构件

表 5.4

指标说明	反映墙体砌筑中，控制墙体裂缝和渗漏的重要节点构造的实施情况
合格标准	1. 门窗框预制块：采用预制混凝土块、实心砖；空心砖墙体则在门窗洞边 200mm 内的孔洞须用细石混凝土填实；预制块或实心砖的宽度同墙厚；长度不小于 200mm；高度应与砌块同高或砌块高度的 1/2 且不小于 100mm；最上部（或最下部）的混凝土块中心距洞口上下边的距离为 150 ~ 200mm，其余部位隔砖安装，且对称分布。 2. 现浇窗台板：宽同墙厚，高度≥ 120mm，每边入墙内≥ 400mm（不足 400mm 通长设置）。 3. 洞口（大于 600mm）的过梁：同墙宽，入墙不少于 250mm

续表

测量工具	目测，5m 钢卷尺
测量方法和数据记录	1. 实测区与合格率计算点：户内每一面砌体墙作为 1 个实测区，累计实测实量 30 个实测区。所选 2 套房中实测区不满足 30 个时，需增加实测套房数。每 1 个实测区取 5 个实测点，分别检查门窗框预制块、空调孔预制块、现浇混凝土窗台板、洞口预制过梁、现浇构造柱 5 项内容是否符合合格标准。 2. 测量方法：采用目测、尺量、放滚珠方法。 3. 数据记录：同一实测区内，只要有 3 个实测点有一个不符合合格标准，则该实测区不合格；反之，则合格。不合格实测区计算点均按“1”记录，合格实测区计算点均按“0”记录
示例	墙 7 墙 8 墙 9 LC32 LC30 墙 15 LC11' LC16' LC28 卫生间 墙 10 卫生间 墙 6 次卧室 M3 M3 墙 11 厨房 M1 M1 M2 M1 墙 12 墙 5 墙 4 玄关 主卧室 墙 1 客厅 墙 13 餐厅 TLM04 墙 3 阳台 LC24 墙 2 墙 14
常见问题	1. 未按照图纸及规范要求设置门窗边固定块。 2. 墙体砌筑过程中，施工不规范、窗台板宽度厚度及不足。 3. 过梁尺寸过短，搭接长度不够
后期影响	1. 现浇窗台板施工不到位，后期墙体易开裂。 2. 门窗固定没有固定块，无法固定到位
防治措施	1. 施工交底到位。 2. 施工流程规范。 3. 过程检测机制明确

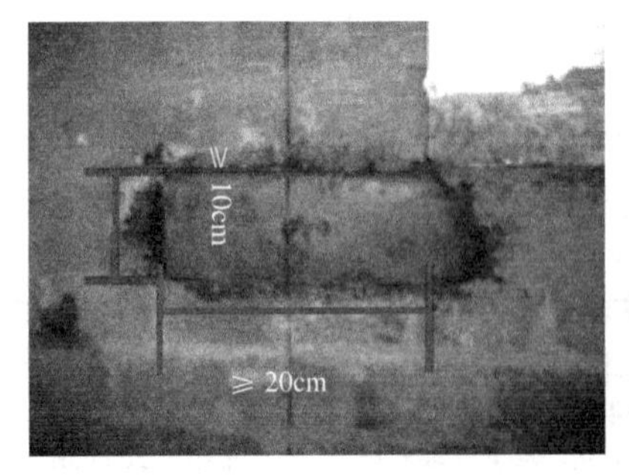

图 5.4 工程实例图片

左图：窗台压顶深入墙体大于 20cm，压顶厚度不小于 10cm;；右图：预制块同墙厚、宽度不小于 20cm 。

5.5 砌筑工序

表 5.5

指标说明	反映墙体砌筑过程中，墙体出现裂缝的重要控制工序
合格标准	1. 无断砖、通缝、瞎缝； 2. 墙顶空隙的补砌挤紧或灌缝间隔不少于 7 天； 3. 不同基体（含各类线槽）镀锌钢丝网（规格为 10mm×10mm×0.7mm）或耐碱玻纤网（需放置与两层抹灰之间），基体搭接不小于 100mm；挂网前墙体高低差部分采用水泥砂浆填补； 4. 砌体墙灰缝须双面勾缝
测量工具	目测，5m 钢卷尺，水泥钢钉、铁锤
测量方法和数据记录	1. 实测区与合格率计算点：累计实测实量 20 个实测区，户内每一面砌体墙作为 1 个实测区。所选 2 套房中砌筑节点的实测区数量不满足 20 个时，需增加实测套房数。同一实测区，分别检查合格标准中的 4 个实测点是否符合合格标准；一个实测区有 4 个实测点。其中一个实测区作为该指标合格率的 1 个计算点。 2. 测量方法：采用目测、尺量、钉钉等方法；对于瞎缝，则每一个测区不同基体材料交接处的水平或竖向灰缝随机选取 3 点，如有两点或三点用铁锤和水泥钉钉穿，则该测项不合格。 3. 数据记录：同一实测区内，只要 4 个实测点中有一个是不符合合格标准的，则该实测区不合格；反之，则合格。均按“1”记录不合格实测区计算点，均按“0”记录合格实测区计算点
示例	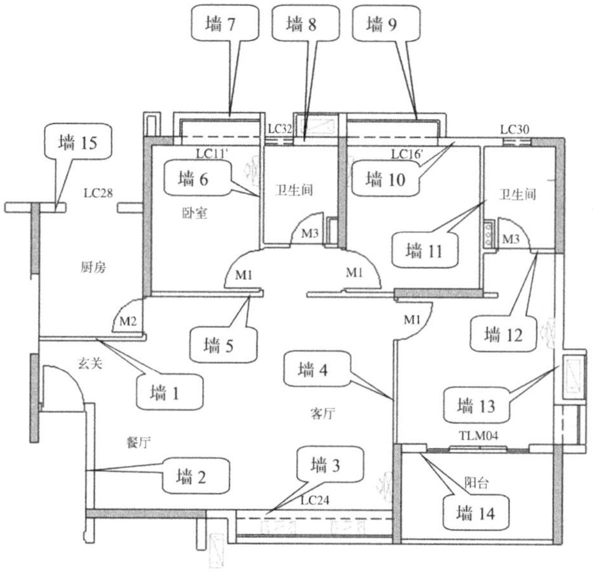 墙 7 墙 8 墙 9 LC32 LC30 墙 15 LC11' LC16' 墙 6 卫生间 墙 10 卫生间 LC28 卧室 M3 墙 11 M3 厨房 M1 M1 M2 M1 墙 5 墙 12 玄关 墙 4 墙 1 墙 13 客厅 TLM04 餐厅 墙 2 墙 3 阳台 LC24 墙 14
常见问题	1. 砌筑运输、搬运过程中形成断砖。 2. 勾缝不到位引起瞎缝；遗漏勾缝；未双面勾缝。 3. 墙顶空隙的补砌挤紧或灌缝间隔过少，未达到 7 个工作日。 4. 挂网前墙体高低差部分采用水泥砂浆填补；挂网搭接不规范
后期影响	墙体后期抹灰层易出现空鼓、裂缝现象
防治措施	1. 在砌筑过程中，对断砖、破损砖不予上墙使用。 2. 对勾缝砂浆严格配比；加强对瞎缝、通缝、未双面勾缝检查。 3. 挂网前，基层处理饱满；挂网搭接不小于 100mm。 4. 墙顶空隙的补砌挤紧或灌缝间隔不少于 7 天。 5. 墙顶与梁、板预留缝需按照设计要求预留

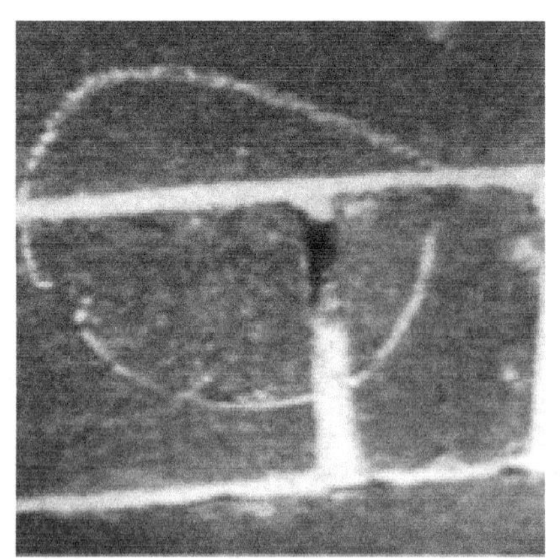

图 5.5　工程实例图片

左图：砌筑材料断裂，俗称断砖；右图：砌筑材料灰缝不饱满。

6　抹灰工程【GB 50210—2001】

抹灰工程实测实量共包括墙体表面平整度、墙面垂直度、室内净高偏差、顶板水平度极差、阴阳角方正、房间开间 / 进深偏差、方正度、地面表面平整度、地面水平度极差、户内门洞尺寸偏差、外墙窗内侧墙体厚度极差、裂缝 / 空鼓 12 项内容。本章各分项指标说明、合格标准等依据《建筑装饰装修工程质量验收规范（GB 50210—2001)》第 4 章以及 DGJ 32/J 103—2010 江苏省《住宅工程质量分户验收规程》第 5 章制定。

6.1　墙体表面平整度

表 6.1

指标说明	反映层高范围内抹灰墙体表面平整程度
合格标准	[0，4]mm
测量工具	2m 靠尺、楔形塞尺
测量方法和数据记录	1. 每一面墙作为 1 个实测区，随机选择 20 个实测区；所选套房实测区少于 20 个时，需增加实测套房数；每一测尺的实测值作为一个合格计算点。 2. 测量方法： (1) 墙面长度不大于 3m 时，在同一墙面顶部与根部 4 个角中，选取左上、右下 2 个角以 45° 角斜放靠尺各测 1 次，在距离地面 20cm 左右的位置水平测 1 次； (2) 墙面长度大于 3m 时，在同一墙面 4 个角任选两个方向各测量 1 次，在距离地面 20cm 左右位置及墙中间位置水平各测 1 次； (3) 优先考虑有门窗、过道洞口墙面作为选实测区，在各洞口 45° 斜测一次。 3. 同一实测区内，一个实测值作为一个合格率计算点

续表

示例	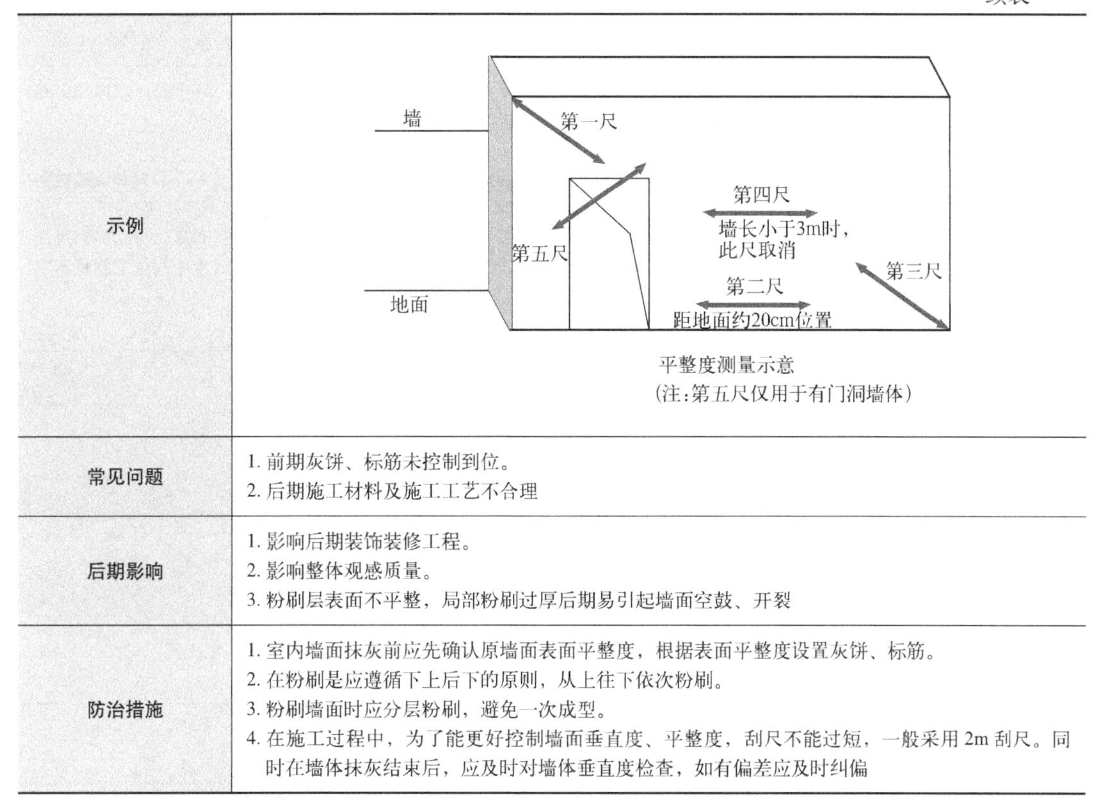平整度测量示意 (注:第五尺仅用于有门洞墙体)
常见问题	1. 前期灰饼、标筋未控制到位。 2. 后期施工材料及施工工艺不合理
后期影响	1. 影响后期装饰装修工程。 2. 影响整体观感质量。 3. 粉刷层表面不平整，局部粉刷过厚后期易引起墙面空鼓、开裂
防治措施	1. 室内墙面抹灰前应先确认原墙面表面平整度，根据表面平整度设置灰饼、标筋。 2. 在粉刷是应遵循下上后下的原则，从上往下依次粉刷。 3. 粉刷墙面时应分层粉刷，避免一次成型。 4. 在施工过程中，为了能更好控制墙面垂直度、平整度，刮尺不能过短，一般采用 2m 刮尺。同时在墙体抹灰结束后，应及时对墙体垂直度检查，如有偏差应及时纠偏

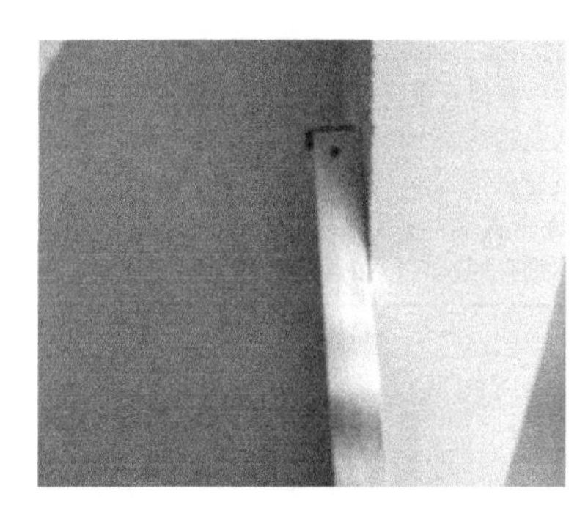
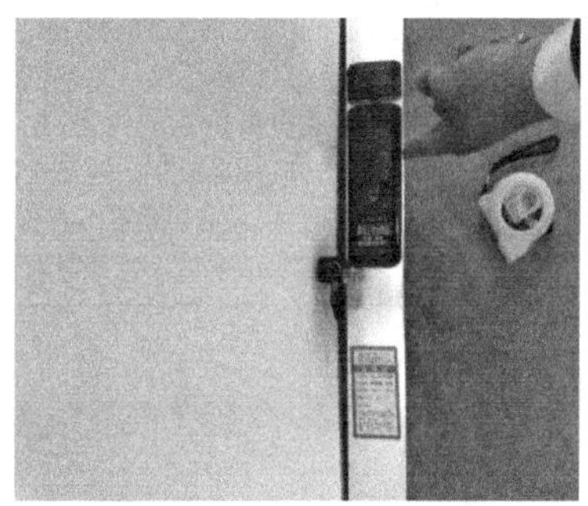

图 6.1 工程实例图片

检测要点：注意测量方位，特别是门洞、窗洞边侧，墙体与横梁交界处是检测重点，检测 2m 靠尺，辅助塞尺，取最大值为读数值。

6.2 墙面垂直度

表 6.2

指标说明	反映层高范围抹灰墙体垂直的程度
合格标准	[0，4]mm

续表

测量工具	2m 靠尺
测量方法和数据记录	1. 每一面墙作为 1 个实测区，随机选择 20 个实测区；所选套房实测区少于 20 个时，需增加实测套房数；每一测尺的实测值作为一个合格计算点。 2. 测量方法： （1）墙长度不大于 3m 时，同一面墙距两端头竖向阴阳角约 30cm 位置，分别在靠尺顶端接触到上部混凝土顶板位置时、靠尺底端接触到下部地面位置时各测 1 次垂直度，总计两次； （2）墙长度大于 3m 时，同一面墙距两端头竖向阴阳角约 30cm 和墙体中间位置，分别在靠尺顶端接触到上部混凝土顶板位置时、靠尺底端接触到下部地面位置时、墙长度中间位置靠尺基本在高度方向居中时各测 1 次垂直度，总计三次。 3. 同一实测区，一个实测值作为一个合格率计算点
示例	墙 第三尺 300 第二尺 墙长小于 3m 时，此尺取消 第一尺 300 墙面 墙垂直度测量示意
常见问题	1. 前期灰饼、标筋未控制到位。后期施工材料及施工工艺不合理。 2. 砖砌体轴线位置偏移过大
后期影响	1. 影响后期装饰装修工程。 2. 影响整体观感质量
防治措施	1. 室内墙面抹灰前应先确认原墙面表面平整度，根据表面平整度设置灰饼、标筋。 2. 在粉刷时应遵循先上后下的原则，从上往下依次粉刷。 3. 粉刷墙面时应分层粉刷，避免一次成型。 4. 在施工过程中，为了能更好控制墙面垂直度、平整度，刮尺不能过短，一般采用 2m 刮尺。同时在墙体抹灰结束后，应及时对墙体垂直度检查，如有偏差应及时纠偏

图 6.2　工程实例图片

图为墙面垂直度检测。

检测要点：首先确定检测方位，检测时保证靠尺相对垂直，以指针能自由晃动为标准。在读取测量值时注意，不要在最大值或者最小值读数。要等指针相对晃动静止情况下方可读取数据。

6.3 室内净高偏差

表 6.3

指标说明	综合反映同一房间室内净高实测值与理论值的偏差程度
合格标准	[-20，20]mm
测量工具	5m 钢卷尺、激光测距仪
测量方法和数据记录	1. 每个功能房间作为 1 个实测区，累计实测实量 10 个实测区；所选套房实测区不满足 10 个时，需增加实测套房数。 2. 测量方法： （1）实测前，所选套房必须完成地面找平层施工；同时施测人员还需了解所选套房各房间结构楼板的设计厚度及建筑构造做法厚度等基本数据。 （2）在各房间地面 4 个角部区域，距地脚边线 30cm 附近各选取 1 点（避开吊顶位），同时在地面几何中心位选取 1 点，总计 5 点，测量找平层地面与天花顶板间的垂直距离，即当前施工阶段 5 个室内净高实测值。 3. 合格率计算点：用图纸设计层高值减去结构楼板和地面找平层施工设计厚度值，作为判断该房间当前施工阶段室内净高值。当实测值与设计值最大偏差值在 [–30，30]mm 之间时，5 个偏差值的实际值作为判断该实测指标合格率的计算点。当实测值与设计值最大偏差值> 30mm 或< –30mm 时，5 个偏差值均按最大偏差值计，作为判断该实测指标合格率的计算点
示例	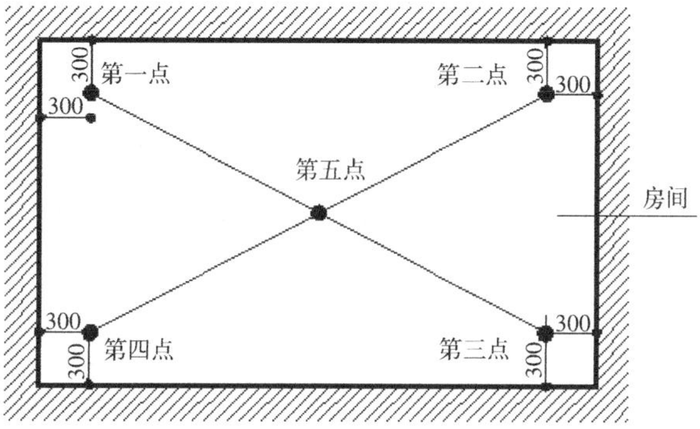 室内净高测量示意
常见问题	1. 模板工程板底模板标高不统一、不一致，水平度不水平、不达标。 2. 现浇楼板截面尺寸即厚度偏差过大。 3. 现浇楼板的模板工程由于混凝土浇捣过程中承载能力和刚度较差，出现不同程度的轻微下沉现象，形成现浇楼板整体轻微下垂。 4. 砌体施工周期短，灰缝沉实后出现室内净高尺寸偏差过大
后期影响	1. 影响后期装饰装修工程。 2. 影响后期验收观感质量
防治措施	1. 加强模板安装技术复核，严格按照审批通过的方案进行排架搭设。 2. 楼面施工前后认真进行轴线复核，控制好放线精度，做好砌体施工前的弹线工作。 3. 楼地面找平层施工时灰饼的间距不能过大，在墙角、柱角、走道口处增加灰饼数量。 4. 应遵循先做顶后做地面的要求施工

注：根据 DGJ 32/J 103—2010 江苏省《住宅工程质量分户验收规程》，第 5 章。

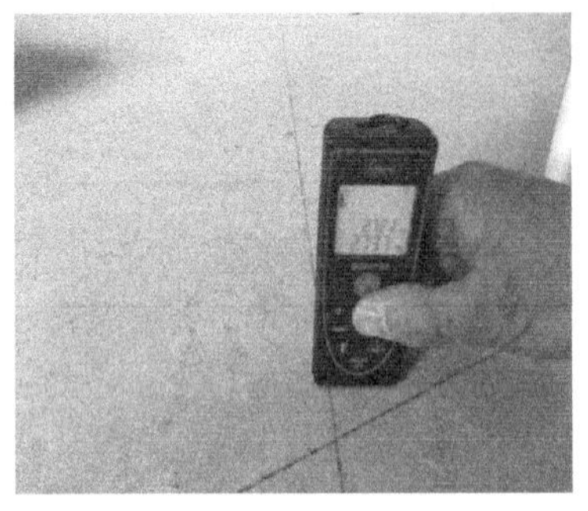

图 6.3 工程实例图片

检测要点：注意检测方位要符合要求，检测的顺序要符合要求，一般以东南角为第一检测点，其他顺时针方向检测，检测时激光测距仪底部要放平，激光点要与测量基座点相对称的位置，严禁歪斜检测。常规方式是多测量数据，取最小值为读数值。

6.4 顶板水平度极差

表 6.4

指标说明	考虑实际测量的可操作性，顶板腻子完成后，选取同一功能房间混凝土顶板内四个角点和一个中点距离同一水平基准线之间 5 个实测值的极差值，综合反映同一房间混凝土顶板的平整程度
合格标准	≤ 10mm
测量工具	激光扫平仪、具有足够刚度的 5m 钢卷尺（或 2m 靠尺、激光测距仪）
测量方法和数据记录	1. 已完成腻子的同一功能房间内顶板作为 1 个实测区，累计测量 10 个实测区。所选套房的实测区不满足 10 个时，需增加实测套房数。 2. 测量方法： （1）要求同一功能房间内顶板已完成腻子施工； （2）使用激光扫平仪，在实测板跨内打出一条水平基准线。在同一实测区距顶板天花线 30cm 处位置选取 4 个角点及板跨几何中心位（若板单侧跨度较大可在中心部位增加 1 个测点）各取一点，总计 5 点，分别测量混凝土顶板与水平基准线之间的垂直距离。 3. 以垂直距离最低点为基准点，计算另外 4 点与最低点之间的偏差。若最大偏差值≤ 15mm，5 个偏差值（基准点偏差值以 0 计）的实际值作为判断该实测指标合格率的计算点；若最大偏差值> 15mm，5 个偏差值均按最大偏差值计，作为判断该实测指标合格率的计算点
示例	第一点 第二点 第五点 第四点 第三点 房间 300（各角点距墙） 顶板水平度测量示意

续表

常见问题	1. 模板工程板底模板标高不统一、不一致，水平度不水平、不达标。 2. 现浇楼板截面尺寸即厚度偏差过大。 3. 现浇楼板的模板工程由于混凝土浇捣过程中承载能力和刚度较差，出现不同程度的轻微下沉现象，形成现浇楼板整体轻微下垂。 4. 部分模板质量不好、周转次数多，容易变形、拼接不平，造成现浇楼板倾斜、弯曲、接口高低不平现象
后期影响	1. 影响后期装饰工程。 2. 局部粉刷后期有空鼓、开裂以及脱落隐患
防治措施	1. 顶模板支设时，要合理计划好支撑立杆的间距。 2. 顶模板与墙面板连接缝需紧密，不得出现漏浆。 3. 模板质量应满足要求，拼接口应紧密。 4. 顶板在批白前应对跑模部分进行凿除，重新找平

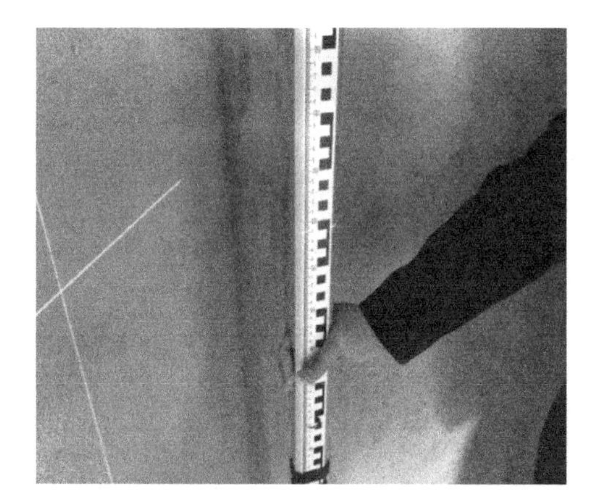

图 6.4 工程实例图片

顶板水平度检测要点，注意检测方位符合规范要求，检测塔尺要求相对垂直时，可以前后左右移动，确定中间值相对稳定，方可以测量读数。

6.5 阴阳角方正

表 6.5

指标说明	反映层高范围内抹灰墙体阴阳角方正程度
合格标准	≤ 4mm
测量工具	直角检测尺
测量方法和数据记录	1. 选取每面墙的任意一个阴角或阳角作为 1 个实测区，累计实测实量 15 个实测区；所选套房的实测区不满足 15 个时，需增加实测套房数。 2. 选取对观感影响较大的阴阳角，分别从地面向上 300mm、1500mm 以及从顶板向下 300mm 位置各测量 1 次，总计 3 次；3 次实测值作为判断该实测指标合格率的计算点

续表

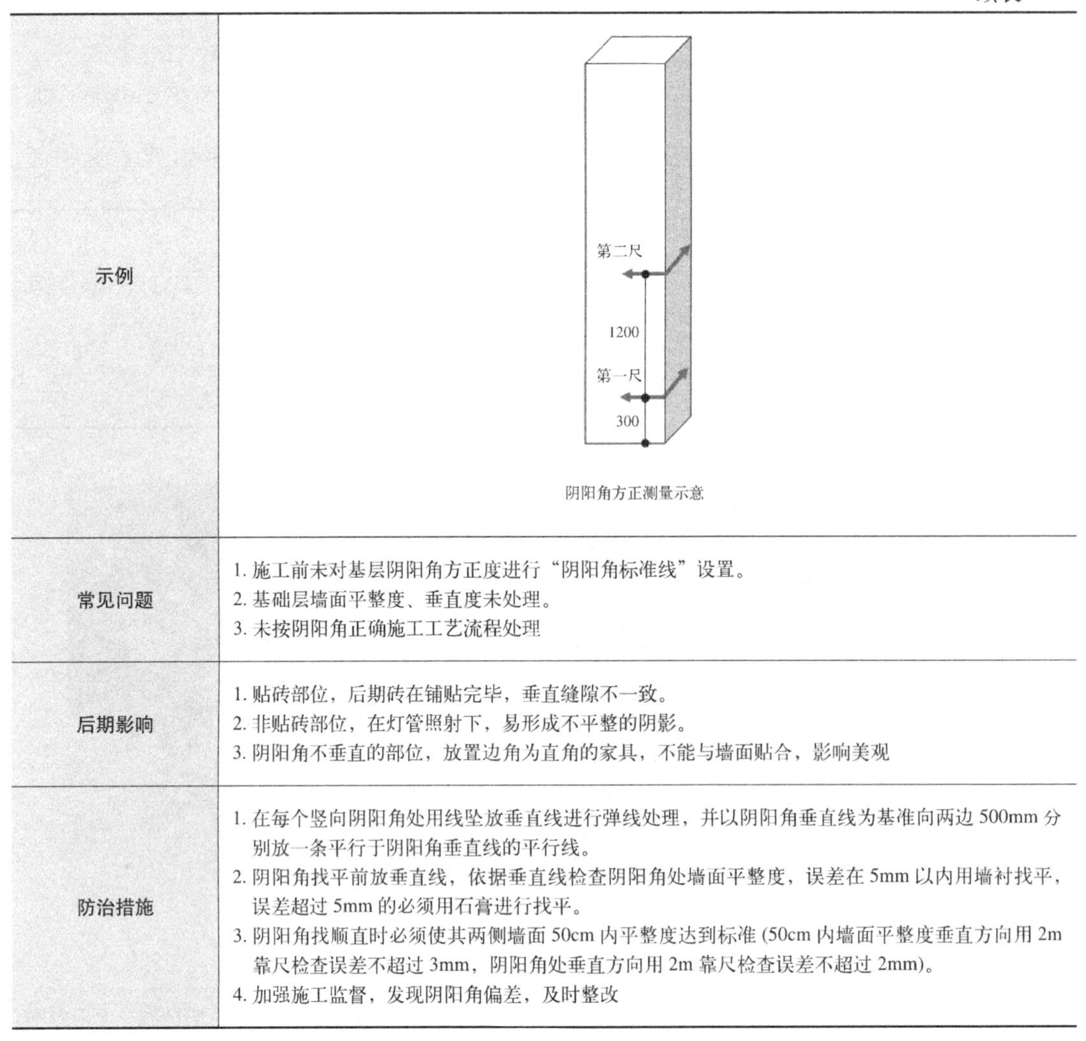

示例	阴阳角方正测量示意
常见问题	1. 施工前未对基层阴阳角方正度进行“阴阳角标准线”设置。 2. 基础层墙面平整度、垂直度未处理。 3. 未按阴阳角正确施工工艺流程处理
后期影响	1. 贴砖部位，后期砖在铺贴完毕，垂直缝隙不一致。 2. 非贴砖部位，在灯管照射下，易形成不平整的阴影。 3. 阴阳角不垂直的部位，放置边角为直角的家具，不能与墙面贴合，影响美观
防治措施	1. 在每个竖向阴阳角处用线坠放垂直线进行弹线处理，并以阴阳角垂直线为基准向两边 500mm 分别放一条平行于阴阳角垂直线的平行线。 2. 阴阳角找平前放垂直线，依据垂直线检查阴阳角处墙面平整度，误差在 5mm 以内用墙衬找平，误差超过 5mm 的必须用石膏进行找平。 3. 阴阳角找顺直时必须使其两侧墙面 50cm 内平整度达到标准 (50cm 内墙面平整度垂直方向用 2m 靠尺检查误差不超过 3mm，阴阳角处垂直方向用 2m 靠尺检查误差不超过 2mm)。 4. 加强施工监督，发现阴阳角偏差，及时整改

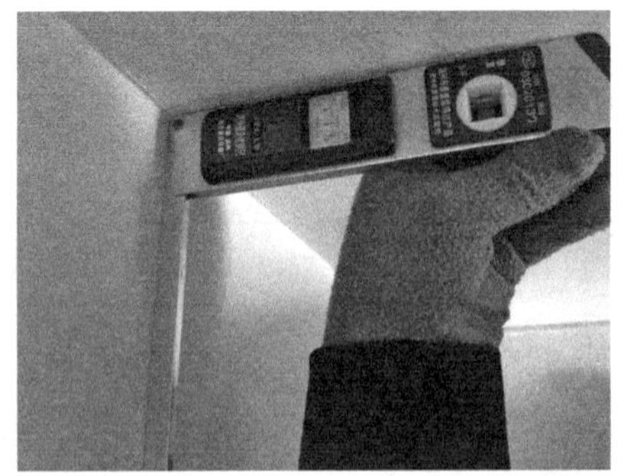

图 6.5　工程实例图片

阴阳角检测要点，注意检测方位符合规范要求，阴阳角尺要求放平，气泡居中，确定到位方可以测量读数。

6.6 房间开间 / 进深偏差

表 6.6

指标说明	选用同一房间内开间、进深实际尺寸与设计尺寸之间的偏差
合格标准	± 15mm
测量工具	5m 钢卷尺、激光测距仪
测量方法和数据记录	1. 每个功能房间的开间和进深分别作为 1 个实测区，累计实测实量 6 个功能房间，共 12 个实测区；所选套房中所有房间的开间 / 进深实测区分别不满足 6 个时，需增加实测套房数。 2. 同一实测区内按开间（进深）方向测量墙体两端的距离，各得到两个实测值，比较两个实测值与图纸设计尺寸，找出最大偏差值，不大于 10mm 时记为合格，否则不合格
示例	进深 第一尺 开间 第一尺 开间 第二尺 进深 第二尺
常见问题	1. 现浇剪力墙结构的模板拉结不牢，出现胀模现象，墙面的垂直度、平整度控制的准确性、可靠性存在过大偏差，后期找平层控制不到位。 2. 砖砌体轴线位置偏移过大，墙面的垂直度、平整度控制的准确性、可靠性存在过大偏差，出现开间、进深尺寸不符合设计和规范要求
后期影响	1. 同一房间内开间、进深实际尺寸与设计尺寸之间的偏差。 2. 影响施工质量以及户型平面布置与合同签订时的约定不符。 3. 影响室内建筑面积
防治措施	1. 严格控制施工放线尺寸。 2. 混凝土施工过程中，对胀模等易引起导致开间、进深尺寸影响施工工艺加强管控。 3. 控制腰梁二次结构施工的垂直度、平整度要求；控制砌筑墙面平整度、垂直度。 4. 控制基础层灰饼及阳角护角施工的节点主控尺寸

注：DGJ 32/J 103—2010 江苏省《住宅工程质量分户验收规程》对开间 / 进深有规定，GB 50210—2001 中并未涉及。

图 6.6 工程实例图片

图 6.6 为房间开间 / 进深偏差测量。

6.7　方正度

表 6.7

指标说明	考虑实际测量的可操作性，选用同一房间内同一垂直面的墙面与房间方正度控制线之间距离的偏差，作为实测指标，以综合反映同一房间方正程度
合格标准	[0，10]mm
测量工具	5m 钢卷尺、吊线或激光扫平仪
测量方法和数据记录	1. 同一面墙作为 1 个实测区，累计实测实量 10 个实测区；所选套房中方正度极差实测区不满足 10 个时，需增加实测套房数。 2. 距墙体 30 ~ 60cm 范围内弹出方正度控制线，并做明显标识和保护。 3. 在同一测区内，实测前用 5m 卷尺或激光扫平仪对弹出的两条方正度控制线，以短边墙为基准进行校核，无误后采用激光扫平仪打出十字线或吊线方式。 4. 沿长边墙方向分别测量 3 个位置（两端和中间）与控制线之间的距离（如果现场找不到控制线，可以一面带窗墙面为基准，用仪器引出两条辅助方正控制线）。选取 3 个实测值之间的极差，作为判断该实测指标合格率的 1 个计算点
示例	墙体 十字控制线 第一尺　第二尺　第三尺 方正度测量示意
常见问题	1. 混凝土轴线放线产生的尺寸偏差。 2. 混凝土施工过程中，产生轴线偏差。 3. 砌筑工程中砌筑轴线偏差
后期影响	1. 室内面积产生偏差。 2. 影响后期室内开间、进深尺寸。 3. 室内墙面的方正度影响，导致阴阳角不方正
防治措施	1. 控制混凝土轴线放线尺寸。 2. 控制混凝土施工轴线尺寸。 3. 控制砌筑工程中的砌筑轴线尺寸

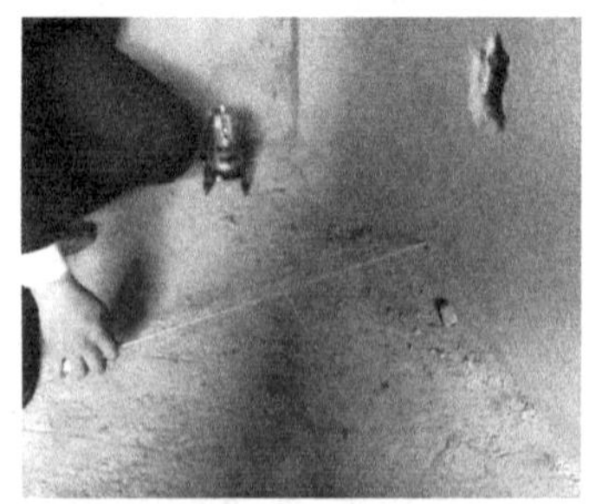

图 6.7　工程实例图片

方正度检测要点，注意检测方位符合规范要求，要求等边对等边检测，检测时确定一边为基准边，调整到位后，在另一边取相同的长度，分次检测，测量读数。

6.8 地面表面平整度

表 6.8

指标说明	反映找平层地面表面平整程度
合格标准	1. 毛坯房交付地面或龙骨地板基层表面平整度≤ 4mm； 2. 面层为瓷砖或石材的地面基层表面平整度≤ 4mm； 3. 装修房地板交付面表面平整度≤ 3mm
测量工具	2m 靠尺、楔形塞尺
测量方法和数据记录	1. 每个功能房间地面作为 1 个实测区，累计实测实量 6 个实测区；所选套房地面表面平整度的不满足 6 个实测区时，需增加实测套房数。 2. 任选同一功能房间地面的 2 个对角区域，按与墙面夹角 45° 平放靠尺测量 2 次，房间中部区域测量一次，总计 3 次。客餐厅或较大房间地面的中部区域需加测 1 次，总计 4 次。 3. 同一功能房间内的 3（或 4）个地面平整度实测值，作为判断该实测指标合格率的计算点
示例	第一尺 第二尺　第三尺 在次卧、书房等小房间第二、三尺可仅测一尺 第四尺 地面平整度测量示意
常见问题	1. 钢筋混凝土楼板水平度偏差。 2. 地面找平层施工水平线定位偏差，不平整
后期影响	地板铺贴易产生不平整
防治措施	1. 控制混凝土楼板水平度偏差。 2. 控制地面找平层施工水平线定位尺寸

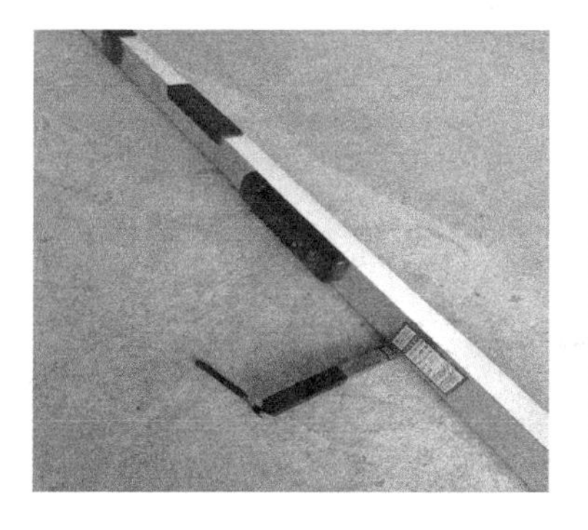

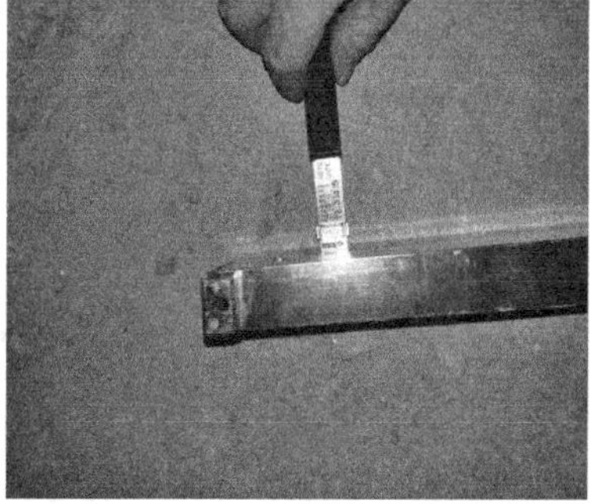

图 6.8 工程实例图片

地面水平度检测要点，注意地面清理干净，检测方位符合规范要求，2m 靠尺，配合楔形塞尺，取最大值时，方可以测量读数。

6.9　地面水平度极差

表 6.9

指标说明	考虑实际测量的可操作性，选取同一房间找平层地面四个角点和一个中点与同一水平线距离之间极差的最大值作为实测指标，以综合反映同一房间找平层地面水平程度
合格标准	[0，10]mm
测量工具	激光扫平仪、具有足够刚度的5m钢卷尺（或2m靠尺、激光测距仪）
测量方法和数据记录	1. 每个功能房间地面均可单独作为1个实测区，累计实测实量8个实测区；所选套房中地面水平度极差不满足8个实测区时，需增加实测套房数。 2. 使用激光扫平仪，在实测板跨内打出一条水平基准线。在同一实测区地面的4个角部区域，距地脚边线30cm以内各选取1点，同时在地面几何中心位选取1点，共计5点，分别测量找平层地面与水平基准线之间的5个垂直距离。以最低点为基准点，计算另外四点与最低点之间的偏差。若偏差值≤10mm，该实测点合格；若最大偏差值≤15mm时，5个偏差值（基准点偏差值以0计）的实际值作为判断该实测指标合格率的计算点；最大偏差值>15mm时，5个偏差值均按最大偏差值计，作为判断该实测指标合格率的计算点
示例	300 第一点 300 第二点 300 300 第五点 房间 300 第四点 300 第三点 地面水平度测量示意
常见问题	1. 楼板浇筑前，放线尺寸偏差。 2. 模板未支承在坚硬土层上，或支承面不足，或支撑松动，致使新浇灌混凝土早期养护时发生不均匀下沉。 3. 混凝土未达到一定强度时，上人操作或运料，使表面出现凹陷不平
后期影响	室内地面产生高低差，易形成坡度
防治措施	1. 加强楼板浇筑前，放线尺寸的控制。 2. 模板支承坚固、牢靠；早期加强养护，避免发生不均匀下沉

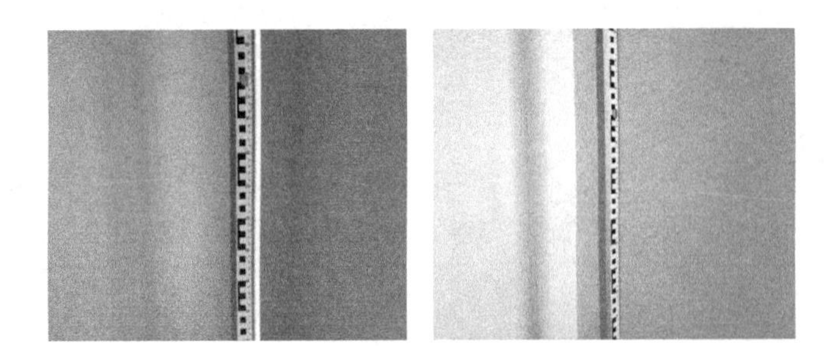

图 6.9　工程实例图片

地面水平度极差检测要点，注意检测方位符合规范要求，检测塔尺要求相对垂直时，可以前后左右移动，确定中间值相对稳定，方可以测量读数。

6.10　户内门洞尺寸偏差

表 6.10

指标说明	反映户内门洞尺寸实测值与设计值的偏差程度，避免出现“大小头”现象
合格标准	高度偏差 [-10，10]mm；宽度偏差 [-10，10]mm
测量工具	5m 钢卷尺
测量方法和数据记录	1. 每个户内门洞均作为 1 个实测区，累计 10 个实测区；所选套房中户内门洞尺寸偏差的实测区不满足 10 个时，需增加实测套房数。 2. 实测前需了解所选套房各户内门洞口尺寸；同时户内门洞口侧面需完成抹灰收口和地面找平层施工，以确保实测值的准确性。 3. 地面找平层完工后，同一个户内门洞口尺寸沿宽度、高度各测 2 次。若地面找平层未完工，只能检测户内门洞口宽度 2 次。2 个高度测量值与设计值之间偏差的最大值，作为高度偏差的 1 个实测值；2 个宽度测量值与设计值之间偏差的最大值，作为宽度偏差的 1 个实测值；墙厚则左、右、顶边各测量一次，3 个测量值与设计值之间偏差的最大值作为墙厚偏差的 1 个实测值。每个实测值作为判断该实测指标合格率的 1 个计算点，一个测区有三个实测值，一个实测点作为一个合格率计算点
示例	墙体　墙体　第一尺　第二尺　第一尺　第二尺　第二尺　第一尺　第三尺 门窗洞口测量示意（高、宽、墙厚）
常见问题	1. 室内门洞尺寸预留放线误差。 2. 门洞二次结构浇筑过程中，结构产生跑模。 3. 地面找平放线不准，导致门洞下口地面不平整
后期影响	1. 影响后期门框、门扇安装不垂直或固定不到位等现象。 2. 门框后期安装易出现边侧墙面、门槛大小头
防治措施	1. 把控室内门洞尺寸预留放线。 2. 门洞二次结构浇筑中，木工对支模等施工工艺把控到位，避免出现跑模现象。 3. 地面找平施工放线尺寸把控

图 6.10　工程实例图片

检测要点：注意检测方位要符合要求，检测时激光测距仪底部要放平，激光点要与测量基座点相对称的位置，严禁歪斜检测。常规方式是多测量数据，取最小值为读数值。

6.11　外墙窗内侧墙体厚度极差

表 6.11

指标说明	反映外墙窗内侧墙体厚度偏差程度，避免大小头现象，影响交付观感，同时提高收口面瓷砖集中加工的效率
合格标准	[0，4]mm
测量工具	5m 钢卷尺
测量方法和数据记录	1. 任一樘外门窗均作为一个实测区，累计 20 个实测区，其中卫生间、厨房等四边瓷砖收口外窗实测区为 10 个；所选套房实测区不满足 20 个时，需增加实测套房数。 2. 实测时，外墙窗框等测量部位需完成抹灰或装饰收口。 3. 外墙平窗框内侧墙体，在窗框侧面中部各测量 2 次墙体厚度，同时沿竖向窗框在顶端位置测量 1 次，总计 3 次。3 个实测值之间极差值作为判断该实测指标合格率的 1 个计算点。 4. 外墙凸窗框内侧墙体，沿与内墙面垂直方向，分别测量凸窗台面两端头部位窗框与内墙抹灰完成面之间的距离，共计 2 次。2 个实测值之间极差值作为判断该实测指标合格率的 1 个计算点
示例	第二尺　第一尺　第三尺 内门洞/平窗内侧墙体厚度测量示意 室外　室内　第一尺　凸窗台板　第二尺　室外　室内 凸墙内侧墙体厚度测量示意
常见问题	1. 预留窗洞尺寸不标准，窗框安装不方正。 2. 窗框安装放线不到位。 3. 窗框固定方式不合理。 4. 窗框墙内侧墙面不平整
后期影响	1. 外墙窗内侧墙体厚度大小头现象，影响交付观感。 2. 影响收口面瓷砖集中加工的效率。 3. 窗框安装不方正，影响窗扇正常使用
防治措施	1. 预留窗洞尺寸放线准确；窗框安装前掉线，控制窗框安装垂直度、方正度。 2. 窗框固定合理，安装牢固。 3. 把控窗框墙内侧墙面平整施工；把控墙面门洞阳角护角工序

图 6.11　工程实例图片

外窗内侧墙体检测要点，注意检测方位符合规范要求，检测要求相对垂直墙边线，可以上下左右移动，确定最小值，方可以测量读数。

6.12 裂缝 / 空鼓

表 6.12

指标说明	反映户内墙体裂缝 / 空鼓的程度
合格标准	户内墙体完成抹灰后，墙面无裂缝、空鼓
测量工具	目测、空鼓锤
测量方法和数据记录	1. 所选户型内每一自然间作为 1 个实测区，所有墙体全检，累计 15 个实测区。所选套房不满足 15 个实测区时，需增加实测套房数。 2. 同一实测区通过目测检查所有墙体抹灰层裂缝，通过空鼓锤敲击检查所有墙体抹灰层空鼓。 3. 同一实测区任何一面墙发现 1 条裂缝或 1 处空鼓，该实测点不合格。如无任何裂缝或空鼓，则该实测点为合格。1 个实测区取 1 个实测值，1 个实测值作为 1 个合格率计算点。不合格点均按“1”记录，合格点均按“0”记录
示例（共 1 户、7 个测区、7 个实测点）	LC32 LC30 LC11' LC16' LC28 卫生间 卫生间 卧室 次卧室 M3 M3 厨房 M1 M1 M2 M1 玄关 主卧室 客厅 TLM04 餐厅 阳台 LC24
常见问题	1. 基层处理不当。 2. 砂浆用料比例不恰当。 3. 结构不合理。 4. 原材料不合格（如水泥过期）。 5. 施工操作不当。 6. 后期保养不到位。 7. 塞顶部位高低差未填充饱满，挂网搭接不到位
后期影响	1. 空鼓在普通墙面，后期以产生开裂、易引起墙面脱落现场。 2. 空鼓在防水层墙、地面，后期有渗水风险。 3. 空鼓在有贴砖部位，易引起墙砖后期黏度不足，产生脱落。 4. 温度缝易引起后期粉刷层感官瑕疵。 5. 应力裂缝在不同部位，易引起粉刷层感官瑕疵；窗边侧应力裂缝对后期墙面渗水有风险
防治措施	1. 加强基层工艺、工序处理，控制材料比例与质量。 2. 监督、规范合格材料的使用。 3. 加强抹灰使用工艺。 4. 加强抹灰的保养。 5. 对不同材料的结合面进行规范合理处理

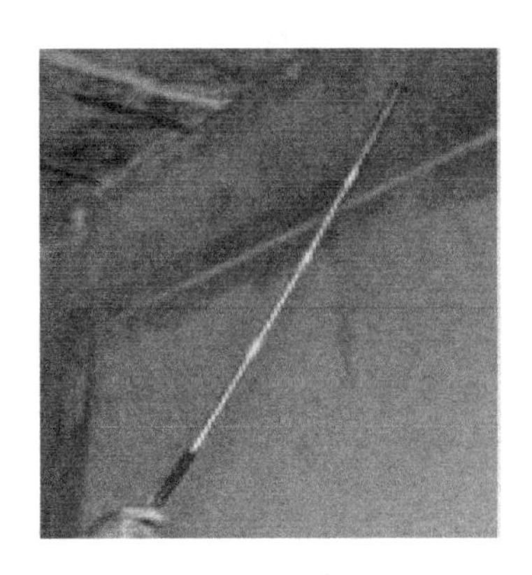

图 6.12 工程实例图片

左图：抹灰面空鼓检查一般先空鼓锤划过墙面；右图：找到空鼓范围后再敲打确认。

7 防水工程【GB 50207—2012；CECS 196—2006】

防水工程实测实量共包括卫生间涂膜厚度、防水反坎、防水性能 3 项内容。本章各分项指标说明、合格标准等依据《屋面工程质量验收规范》GB 50207—2012 第 6 章、《建筑室内防水工程技术规程》CECS 196—2006 制定。

7.1 卫生间涂膜厚度

表 7.1

指标说明	反映卫生间涂膜防水施工质量合格程度
合格标准	卫生间地面、墙面（非附加层部分）防水涂膜成膜良好，无分层。涂膜防水层平均厚度应符合设计，最小厚度大于设计厚度的 80%
测量工具	游标卡尺、5m 卷尺
测量方法和数据记录	1. 实测区与合格率计算点：每个卫生间为 1 个实测区，共 8 个测区，不足 8 个时，需增加实测套房数。在每一实测个实测值。每个实测值记作 1 个计数点． 2. 测量方法： （1）在涂膜施工期间，选取同一测量区，在非附加层范围内，目测后选取 1 处疑似厚度不达标部位，用针测法或割取 20mm × 20mm 实际样品，目测涂膜成膜与分层，用卡尺测量实际厚度； （2）在保护层完工阶段，选取同一测量区，在非附加层范围内，随机选取一点（不同测区选取不同位置，如地面、浴室墙面不同高位等），剥离保护层，采用针测法或割取 20mm × 20mm 实样，目测防水涂膜成膜与分层，用卡尺测量实际厚度； （3）在装饰面已完成阶段，只进行闭水检验，不进行此指标测量。 3. 数据记录：当发现防水涂膜无成膜或分层现象，实测值结果不合格；切片厚度小于设计厚度的 80% 时，则实测结果不合格；如无分层且厚度符合要求，按合格计；不合格点记录“1”，合格点记录“0”

续表

示例	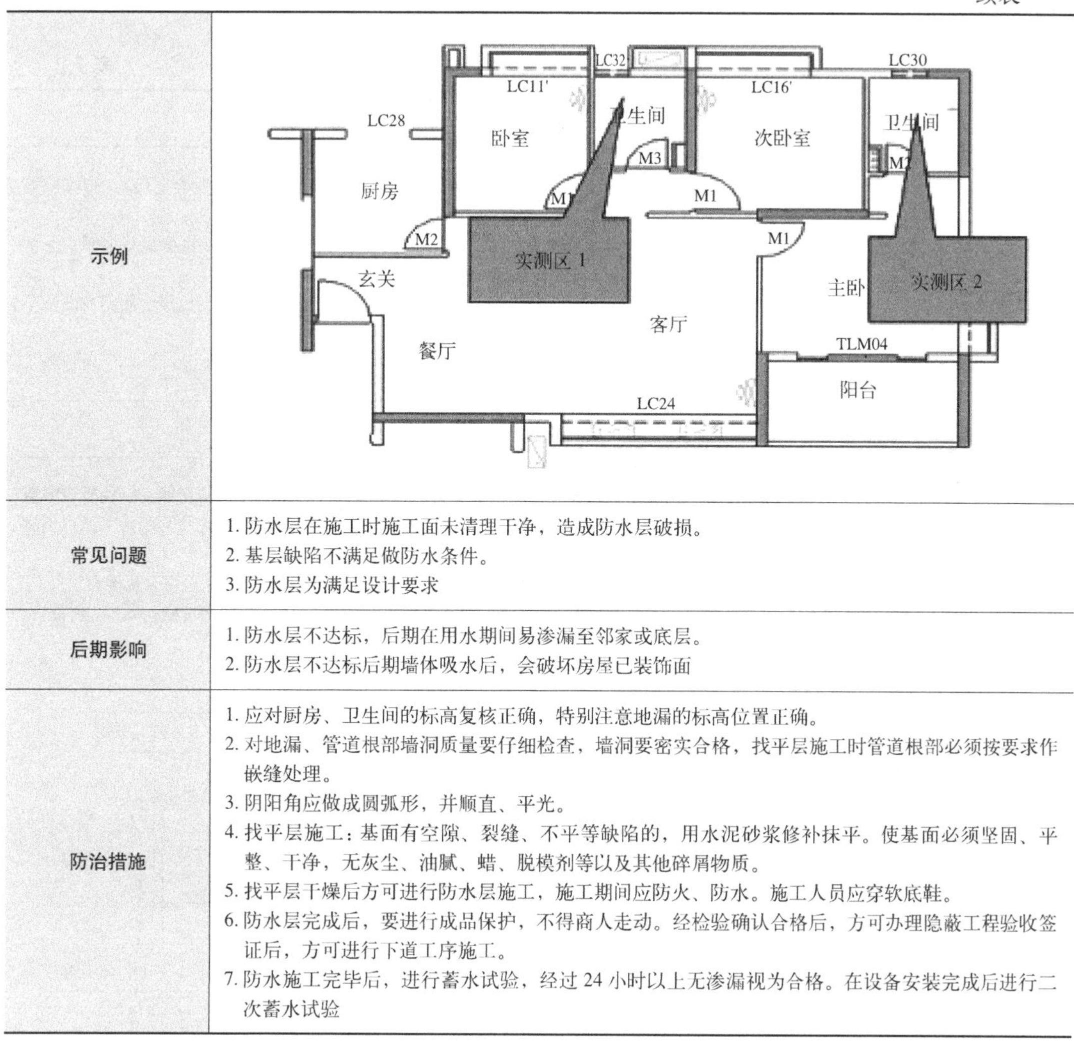
常见问题	1. 防水层在施工时施工面未清理干净，造成防水层破损。 2. 基层缺陷不满足做防水条件。 3. 防水层为满足设计要求
后期影响	1. 防水层不达标，后期在用水期间易渗漏至邻家或底层。 2. 防水层不达标后期墙体吸水后，会破坏房屋已装饰面
防治措施	1. 应对厨房、卫生间的标高复核正确，特别注意地漏的标高位置正确。 2. 对地漏、管道根部墙洞质量要仔细检查，墙洞要密实合格，找平层施工时管道根部必须按要求作嵌缝处理。 3. 阴阳角应做成圆弧形，并顺直、平光。 4. 找平层施工：基面有空隙、裂缝、不平等缺陷的，用水泥砂浆修补抹平。使基面必须坚固、平整、干净，无灰尘、油腻、蜡、脱模剂等以及其他碎屑物质。 5. 找平层干燥后方可进行防水层施工，施工期间应防火、防水。施工人员应穿软底鞋。 6. 防水层完成后，要进行成品保护，不得商人走动。经检验确认合格后，方可办理隐蔽工程验收签证后，方可进行下道工序施工。 7. 防水施工完毕后，进行蓄水试验，经过 24 小时以上无渗漏视为合格。在设备安装完成后进行二次蓄水试验

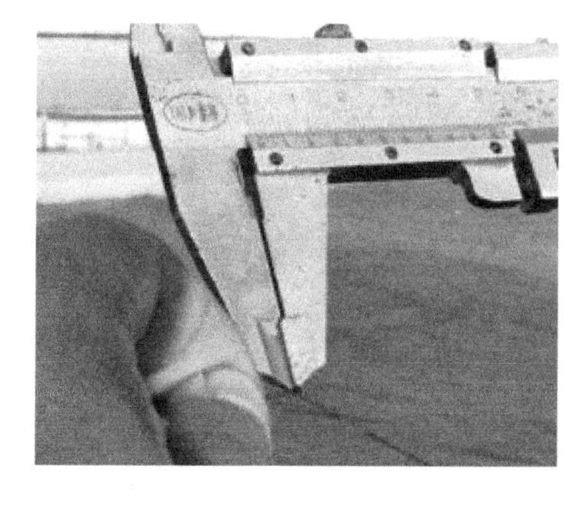
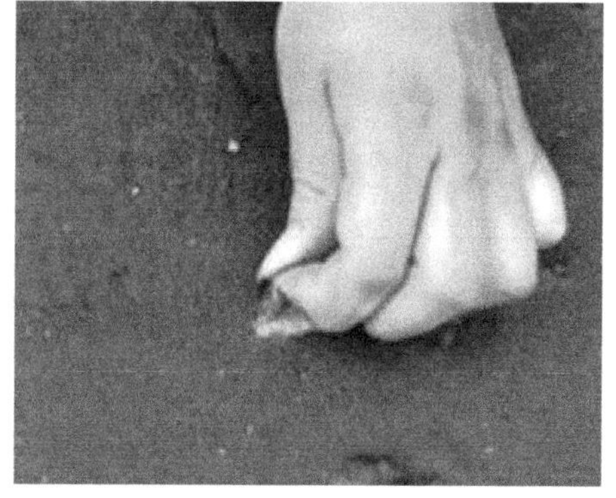

图 7.1　工程实例图片

图为目测涂膜成膜与分层，用卡尺测量实际厚度。

7.2　防水反坎

表 7.2

指标说明	反映砌筑阶段按设计和施工要求设置防水反坎构造，以降低渗漏风险
合格标准	1. 空调板、雨篷板、凸窗上部、卫生间和厨房周边后砌墙根部等部位须设置混凝土反坎；厚度同墙厚，高度不小于 200mm； 2. 沉箱式卫生间烟道和管井根部设置两道反坎，底部反坎宽 200mm，高与装饰面层基层平，上部反坎宽不小于 50mm，高出装饰完成面不小于 100mm； 3. 非沉箱式卫生间烟道和管井根部设置一道混凝土反坎，宽不小于 50mm，高出楼地面完成面不小于 100mm； 4. 如混凝土反坎未与主体结构混凝土一起浇注，则底部须凿毛
测量工具	目测、5m 钢卷尺
测量方法和数据记录	1. 实测区与合格率计算点：室内各应设反坎部位均为 1 个实测区，如门厅、厨房间、空调板或飘板等。在每个实测区取 1 个实测值，每 1 个实测值合格率的 1 个计算点。所选 2 套房中实测点不满足 12 个时，需增加实测套房数。 2. 测量方法：目测观察实测区中有无防水反坎装置，用卷尺测量反坎的尺寸是否符合标准。 3. 数据记录：当测量区未设置防水反坎，或防水反坎不符合标准，该实测区不合格；反之，则合格。不合格点均记录“1”，合格点均记录“0”
示例	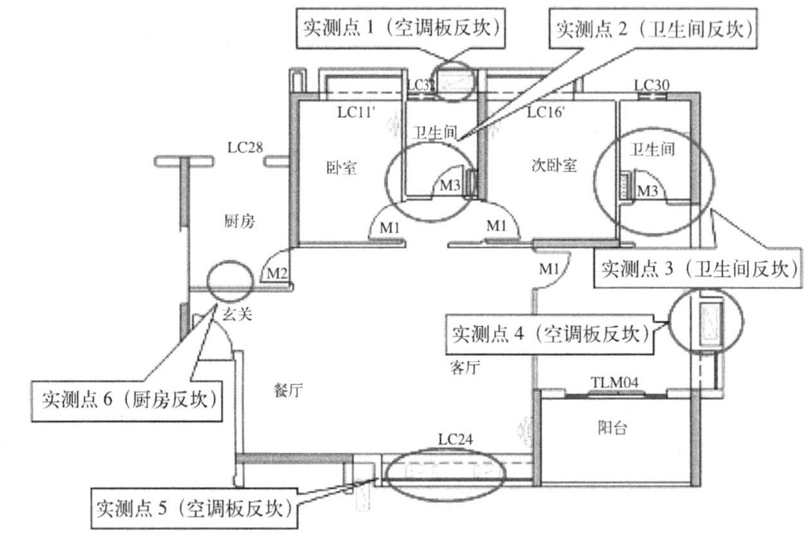 实测点 1（空调板反坎） 实测点 2（卫生间反坎） 实测点 3（卫生间反坎） 实测点 4（空调板反坎） 实测点 5（空调板反坎） 实测点 6（厨房反坎） LC31 LC30 LC11' LC16' LC28 卧室 卫生间 次卧室 卫生间 M3 M3 厨房 M1 M1 M2 M1 玄关 客厅 TLM04 餐厅 阳台 LC24
常见问题	1. 防水坎未按照施工要求施工。 2. 防水坎尺寸不满足设计要求。 3. 防水坎材质不满足设计要求
后期影响	防水坎不达标后期易引起渗水隐患
防治措施	1. 对需要做防水反坎的部位进行放线。 2. 对结合面进行凿毛、清理。 3. 安装模板、浇灌混凝土。 4. 拆模养护

图 7.2 工程实例图片

左图：观察其表观成型质量；右图：反坎质量首先要关注支模体系及基层清理情况。

7.3 防水性能

表 7.3

指标说明	判断湿区结构自闭水情况及防水施工质量
合格标准	蓄水或者淋水试验后，目测观察是否渗漏
测量工具	24 小时蓄水试验，放水高度 2cm；屋面、外墙、窗边做淋水试验
测量方法和数据记录	24 小时蓄水试验，及屋面、外墙、窗边连续淋水 6 小时
示例	测区 1 测区 2 测区 3 测区 4 测区 5 测区 6 LC28 卧室 卫生间 卫生间 M3 M3 M1 M1 M1 M2 玄关 客厅 餐厅 阳台 LC24
常见问题	1. 屋面、外墙、窗边防水未按照设计要求施工。 2. 湿区防水层不达标。 3. 止水反坎未按要求施工。 4. 墙体砌筑质量较差，灰缝不密实；外墙面粉刷龟裂、起壳
后期影响	1. 防水性能不达标，后期在用水期间易渗漏至邻家或底层。 2. 防水性能不达标后期墙体吸水后，会破坏房屋已装饰面
防治措施	1. 外墙砌筑要求：砌筑时避免墙体重缝、透光，砂浆灰缝应均匀，墙体与梁柱交接面应清理干净垃圾余浆。 2. 墙体孔洞检查及处理：抹灰前应检查墙体各种孔洞，合理封堵墙体的各种孔洞。 3. 屋面防水层应按照设计要求施工到位。 4. 湿区防水措施满足设计要求

图 7.3　工程实例图片

左图：卫生间蓄水试验；右图：外墙窗位置喷淋试验。

8　设备安装【GB 50327—2001】

设备安装工程实测实量共包括坐便器预留排水管孔距偏差、排水管通畅性、同一室内底盒标高差、电线管线通畅性 4 项内容。

8.1　坐便器预留排水管孔距偏差

表 8.1

指标说明	本指标实测值为墙面装修完成面与坐便器预留管外壁的距离。通过控制此指标，避免因距离过小，造成坐便器安装困难；或因距离过大，造成坐便器水箱等与装修完成面的缝隙过大，影响观感
合格标准	[0，15]mm
测量工具	5m 钢卷尺
测量方法和数据记录	1. 累计实测实量 6 个实测区，每一个坐便器预留排水管孔作为一个实测区。所选 2 套房实测区数量不满足 6 个时，需增加实测套房数。 2. 本指标在墙面打灰饼或抹灰完成或装饰面完成阶段，且管孔填嵌固定后测量。 3. 在进行实测前，通过图纸确定坐便器预留排水管孔距，并将其管孔中心距换算为管外壁距墙体装修完成面距离。若墙体装修面尚未完成，要进行和个性判断，需要在现场测量值基础上要减去 2cm（墙面瓷砖铺贴预留厚度），以此作为偏差计算数值。 4. 以每 1 个坐便器预留排水管孔距的实测值与设计值之间的偏差值，作为判断该实测指标合格率的 1 个计算点
示例	墙体（灰饼面、抹灰面或装饰完成面） 预留排水管 第一尺

续表

常见问题	1. 未及时技术交底，未严格按设计图纸施工。 2. 混凝土浇筑时，振捣移位
后期影响	1. 预留排水管孔距过小，造成坐便器安装困难。 2. 预留排水管孔距过大，造成坐便器水箱等与装修完成面的缝隙过大，影响观感
防治措施	1. 施工前应仔细阅读给排水图纸，按照图纸设计的管道规格型号、制作套管，并运至施工现场。 2. 穿楼板处预留孔洞。按照图纸卫生间大样及其他图纸要求，在土建支模完成后，测定各管道位置。 3. 预留完套管后，再次核对尺寸，浇混凝土之前封堵好，拆模后及时清理孔洞。 4. 混凝土浇筑时应有专人看护，以防振捣时移位

图 8.1 工程实例图片

检测要点，注意检测方位符合规范要求，检测部位墙面要清理干净，不得有浮浆，检测以管外侧与卷尺交界处最大值，方可以测量读数，扣除管道半径尺寸，推算出实际安装尺寸。

8.2 排水管通畅性

表 8.2

指标说明	本指标可以反映排水系统的堵塞现象；同时做好管道安装与土建密切配合施工；反映施工中管道坡度的设计要求
合格标准	管道坡度符合设计要求，拼接处无渗漏，管道排水通畅
测量工具	目测、通球、卷尺
测量方法和数据记录	1. 室内排水立管或干管在安装结束后，需用直径不小于管径 2/3 的橡胶球、铁球或木球进行管道通球试验。 2. 通球时，为了防止球滞留在管道内，必须用线贯穿并系牢（线长略大于立管总高度）然后将球从伸出屋面的通气口向下投入，看球能否顺利地通过主管并从出户弯头处溜出，如能顺利通过，说明主管无堵塞。 3. 如果通球受阻，可拉出通球，测量线的放出长度，则可判断受阻部位，然后进行疏通处理，反复做通球试验，直至管道通畅为止，如果出户管弯头后的横向管段较长，通球不易滚出，可灌些水帮助通球流出。 4. 通球试验必须 100% 合格后，排水管才可投入使用。 5. 实测数据为 5 个下水管。1 处不通为 1 个不合格点计算

续表

指标说明	本指标可以反映排水系统的堵塞现象；同时做好管道安装与土建密切配合施工；反映施工中管道坡度的设计要求
示例	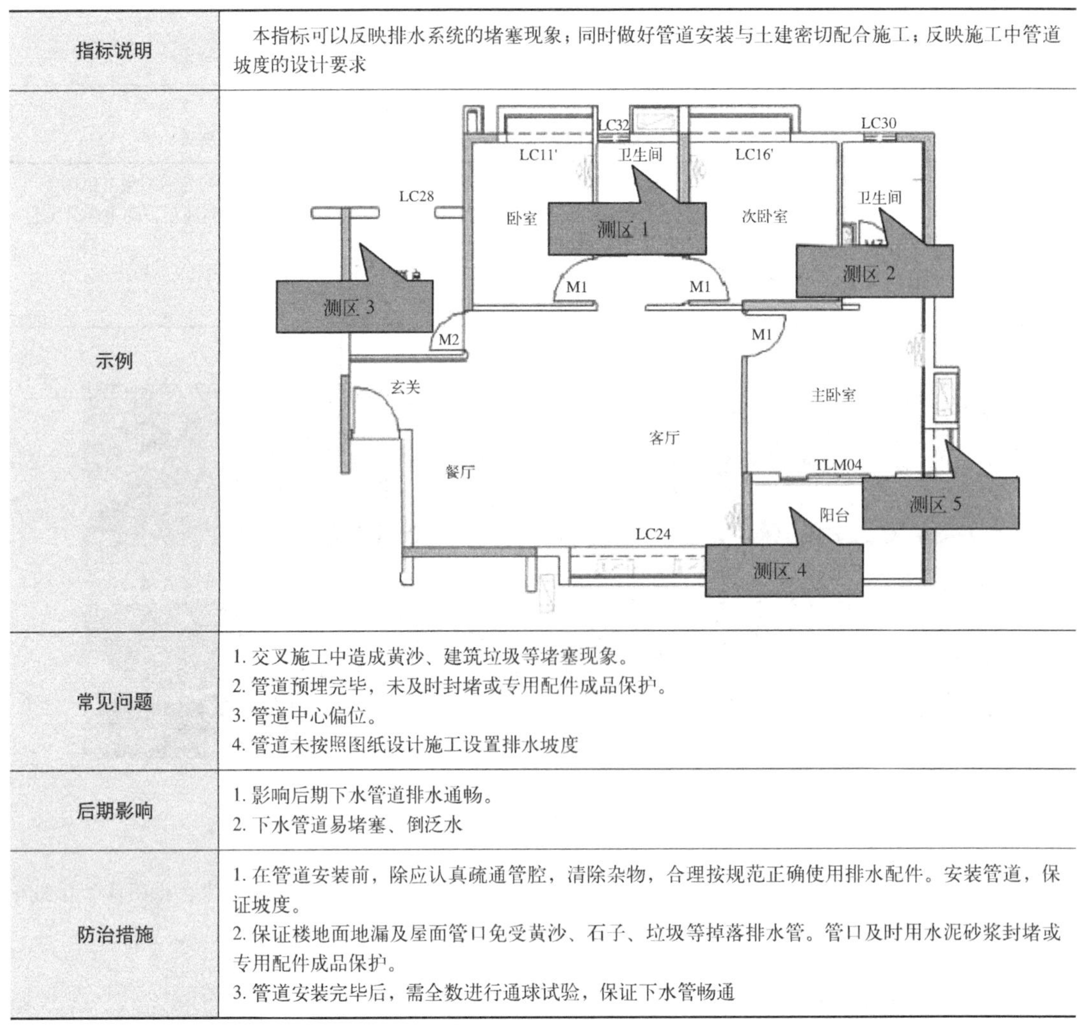
常见问题	1. 交叉施工中造成黄沙、建筑垃圾等堵塞现象。 2. 管道预埋完毕，未及时封堵或专用配件成品保护。 3. 管道中心偏位。 4. 管道未按照图纸设计施工设置排水坡度
后期影响	1. 影响后期下水管道排水通畅。 2. 下水管道易堵塞、倒泛水
防治措施	1. 在管道安装前，除应认真疏通管腔，清除杂物，合理按规范正确使用排水配件。安装管道，保证坡度。 2. 保证楼地面地漏及屋面管口免受黄沙、石子、垃圾等掉落排水管。管口及时用水泥砂浆封堵或专用配件成品保护。 3. 管道安装完毕后，需全数进行通球试验，保证下水管畅通

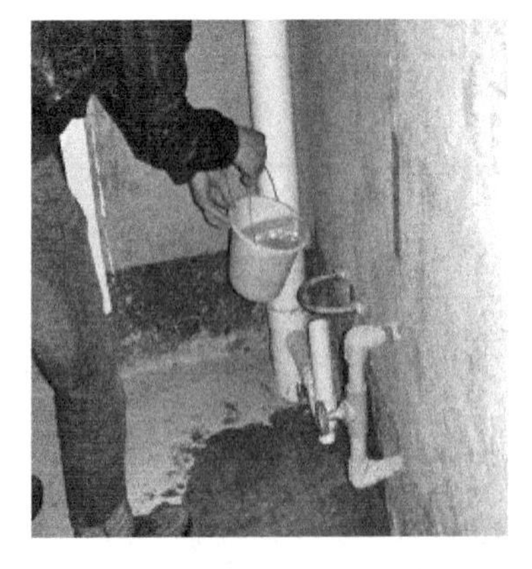

图 8.2　工程实例图片

图为测试排水系统的堵塞现象。

8.3 同一室内底盒标高差

表 8.3

指标说明	该指标为同一房间内，各墙面相同标高位的电气底盒与同一水平线距离的极差。主要反映观感质量
合格标准	[0，10]mm
测量工具	激光扫平仪、5m 钢卷尺
测量方法和数据记录	1. 本指标应在抹灰阶段或底盒标高调整并固定阶段完成测量。 2. 将独立功能房间记作 1 个实测区，工实测实量 8 个区域。 3. 所选 3 套房中同一室内底盒标高差的实测区不满足 6 个时，需增加实测套房数。 4. 在所选套房的某一功能房间内，用激光扫平仪在墙面打出一条水平线。以该水平线为基准，用钢卷尺测量该房间内同一标高各电气底盒上口内壁至水平基准线的距离。选取其与水平基准线之间实测值的极差，记作判断该实测指标合格的 1 个计算点
示例	水平线 第一尺 第二尺 第三尺 第*N*尺 底盒 底盒标高测量示意
常见问题	1. 预埋线盒时未固定牢靠，模板胀模，安装时坐标未确定。 2. 施工人员未严格按施工要求尺寸进行预埋
后期影响	相同标高位的电气底盒与同一水平线距离偏差较大，后期影响观感质量
防治措施	1. 加强监督管理，预埋线盒时固定牢靠。 2. 安装面板时，用水平仪调校水平，确保安装高度统一。 3. 安装面板后要饱满补缝，不允许留有缝隙

注：该项检查国家无相关规范要求，主要根据业主对此项投诉较多，故而提前进行控制，检查此项指标，以提高后期交付观感质量。

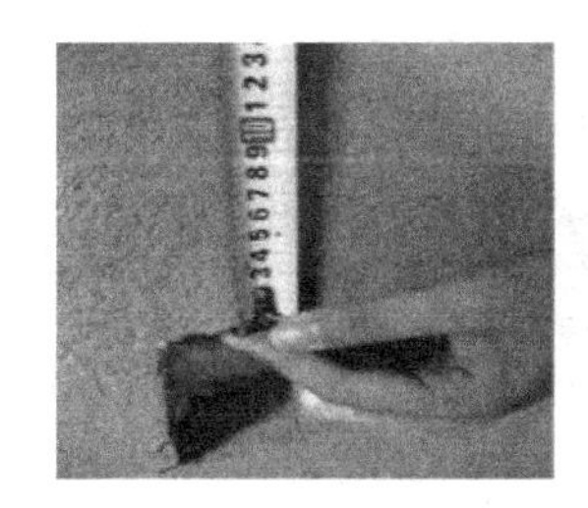

图 8.3 工程实例图片

图为测试同一房间内，各墙面相同标高位的电气底盒与同一水平线距离的极差。

8.4 电线管线通畅性

表 8.4

指标说明	该指标为同一房间内，预埋管线的通畅性，主要反映施工控制质量
合格标准	管道通畅
测量工具	专用钢丝
测量方法和数据记录	1. 本指标应在抹灰阶段或底盒标高调整并固定阶段完成测量。 2. 将独立功能房间记作 1 个实测区，实测实量 8 个区域。 3. 所选 3 套房中同一室内电线管线的实测区不满足 6 个时，需增加实测套房数。 4. 在所选套房的某一功能房间内，任选 3 个回路作为检测依据。3 个回路的通畅与否，记作判断该实测指标合格的 1 个计算点
示例	
常见问题	1. 电线管线预埋固定不到位。 2. 电线管线保护措施不到位。 3. 混凝土施工过程中，振捣防护不到位
后期影响	管线不通，需要后期重新在现浇板开槽布线，对混凝土结构造成影响，易引起纠纷
防治措施	1. 按图施工，确保电线管线预埋到位。 2. 施工前进行检查，电线保护措施符合要求。 3. 在施工过程中，进行针对性检查，确保电线管线不被施工破坏

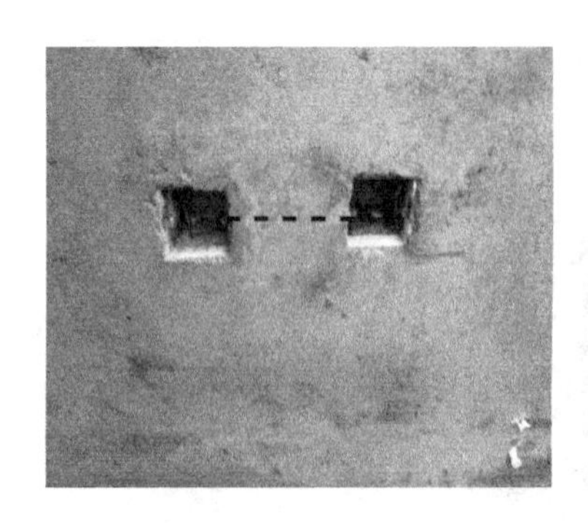

图 8.4 工程实例图片

电线管道通畅检测要点：用钢丝进行，钢丝材质，型号应符合要求，专用设备配备到位，以检测通畅为合格。

9 门窗工程【GB 50210—2001】

门窗工程实测实量共包括型材拼缝宽度（铝合金门窗）、型材拼缝高低差（铝合金－塑钢门窗）、铝合金门或窗框正面垂直度（铝合金－塑钢门窗）、门窗框固定（铝合金－塑钢窗）、边框收口与塞缝（铝合金－塑钢窗）5项内容。本章各分项指标说明、合格标准等依据《建筑装饰装修工程质量验收规范》GB 50210—2001制定。

9.1 型材拼缝宽度（铝合金门窗）

表9.1

指标说明	指铝合金门框型材拼接缝隙大小，反映观感质量和渗漏风险
合格标准	[0，0.3]mm
测量工具	钢尺
测量方法和数据记录	1. 本指标应在门窗型材安装完或窗框保护膜拆除完的装修收尾阶段测量。 2. 室内每个窗都可以记作1个实测区，共实测实量12个实测区。 3. 所选3套房中接缝高低差的实测区不能满足6个时，应增加实测套房数。 4. 观测铝合金门或窗的窗框、窗扇，选1条疑似缝隙宽度最大的型材拼接缝。将0.2mm钢尺插入型材拼接缝隙，若能插入，该测量结果为不合格；反之则合格。1条型材拼缝宽度的实测值记作判断该实测指标合格率的1个计算点。 5. 为提高统计和实测效率，不合格点均按0.5mm记录，合格点均按0.1mm记录
示例	型材 型材接缝宽度测量示意 以0.2mm钢尺插入型材之间的缝隙，如钢尺能插入，则该测量点不合格。反之则该测量点合格
常见问题	1. 型材质量不满足设计要求。 2. 型材窗框制作拼接质量差。 3. 铝型材下料和组装精度影响铝合金门窗接缝
后期影响	1. 铝合金门框型材拼接缝隙过大，观感质量差。 2. 铝合金门框型材拼接缝隙过大，有渗漏风险。 3. 铝合金门窗拼接缝过大漏缝，增加能耗。 4. 拼接缝过大影响门扇关闭
防治措施	1. 加工图上的图形和尺寸必须准确，并注明相应的技术要求；加工图要有专人复核。 2. 断料应采用铝合金专用切割设备进行切割。 3. 在批量断料过程中，要经常对断下的料型、长度和数量进行复核，以免出错；并检查断面的质量是否达到要求，检查设备的刀具是否磨损过大，如发现刀具磨损过大，应及时调换刀具，以保证断面的质量。 4. 在拼装铝合金门窗的扇、框之前，应先对相应的铝合金型材进行检验。在确认铝合金型材加工合格后，再进行拼装。为了保证拼接质量，拼装应在平整的专用工作台上进行

图 9.1　工程实例图片

图为在门窗型材安装完或窗框保护膜拆除完的装修收尾阶段，测量门窗型材拼接缝隙大小。

9.2　型材拼缝高低差（铝合金 - 塑钢门窗）

表 9.2

指标说明	指铝合金门框型材接缝处相对高低偏差的程度。主要反映观感质量
合格标准	相同截面型材 [0，0.3]mm，不同截面型材 [0，0.5]mm
测量工具	钢尺或其他辅助工具（平直且刚度大）、钢尺
测量方法和数据记录	1. 本指标应在门窗型材安装完或窗框保护膜拆除完的装修收尾阶段测量。 2. 室内每个窗都可以记作 1 个实测区，共实测实量 12 个实测区。 3. 所选 3 套房中接缝高低差的实测区不能满足 6 个时，应增加实测套房数。 4. 观测铝合金门或窗的窗框、窗扇，选 1 条疑似缝隙宽度最大的型材拼接缝。将 0.2mm 钢尺插入型材拼接缝隙，若能插入，该测量结果为不合格；反之则合格。1 条型材拼缝宽度的实测值记作判断该实测指标合格率的 1 个计算点。 5. 为提高统计和实测效率，不合格点均按 0.5mm 记录，合格点均按 0.1mm 记录
示例	钢尺 型材 以0.3mm钢尺插入钢尺与面板之间的缝隙，如钢尺能插入，则该测量点不合格。反之则该测量点合格 型材接缝高低差测量示意
常见问题	1. 工厂加工对于下料后组装精度把控不到位。 2. 型材质量不满足设计要求
后期影响	1. 铝合金门框型材拼接缝隙高低差大，观感质量差。 2. 铝合金门框型材拼接缝隙高低差大，容易引起漏缝
防治措施	1. 加强工厂加工对门窗型材拼接高低差控制。 2. 提高型材拼接精度

图 9.2 工程实例图片

图为测量铝合金、塑钢门框型材接缝处相对高低偏差的程度。

9.3 铝合金门或窗框正面垂直度（铝合金－塑钢门窗）

表 9.3

指标说明	反映铝合金（或塑钢）门窗框垂直程度
合格标准	[0，2.5]mm
测量工具	1m/2m 靠尺
测量方法和数据记录	1. 室内每个窗都可以记作 1 个实测区，共实测实量 12 个实测区。 2. 所选 2 套房中窗框正面垂直度的实测区不能满足 12 个时，需增加实测套房数。 3. 用 2m 靠尺分别测量每一樘铝合金门或窗两边竖框垂直度，取 2 个实测值中的最大数值记作判断该实测指标合格率的 1 个计算点
示例	第一尺 门窗框 玻璃 第二尺 铝合金门窗框垂直度测量示意
常见问题	1. 铝合金门窗型材、型号应满足图纸设计需求。 2. 铝合金门窗框的边框由于连接固定等因素而引起的局部变形。 3. 成品保护不到位引起型材局部变形
后期影响	铝合金门或窗框正面垂直度，观感质量差
防治措施	1. 铝合金门窗的规格、型号及型材壁厚均应符合设计要求。 2. 重视成品保护。铝合金门窗属高档观感性的产品，易变形和污染，进场半成品的堆放很重要，不能重压，垫块要平；安装时不允许用锤击砸和用力挤压。 3. 安装铝合金门窗框的边框前需确定连接固定件等因素，避免因固定件位置不到位而引起的局部变形

图 9.3　工程实例图片

图为测量铝合金门或窗框正面垂直度。

9.4　门窗框固定（铝合金－塑钢窗）

表 9.4

指标说明	反映外门窗框固定牢固程度
合格标准	角部固定片距门窗洞口四个角不大于 150 ~ 200mm；中间各固定片中心距离不小于 600mm；以 1.5mm 厚的镀锌板裁制，采用金属膨胀螺栓或射钉固定，应根据预留混凝土块位置，按对称顺序安装
测量工具	目测、5m 尺
测量方法和数据记录	1. 实测区与合格率计算点：将室内一扇外门窗记作 1 个实测区，共实测实量 20 个实测区。1 个实测区记作 1 个实测合格率计算点。一套房屋内的所有外门窗均需测量。所选 2 套房中窗框固定的实测区不足 20 个时，增加实测套房数。 2. 测量方法：选取同一实测区的 4 个框边，目测疑似不合格，用尺量。 3. 数据记录：如发现同一测区有一处不符合标准，记录为 1 个实测点不合格。反之，则为合格。不合格点均按“1”记录，合格点均按“0”记录
示例	示例 实测区 3（外窗 3）　实测区 4（外窗 4）　实测区 5（外窗 5） 实测区 2（外窗 2）　LC28　LC11'　LC16'　LC30 卧室　卫生间　次卧室　卫生间　M3　M3　厨房　M1　实测区 6（外窗 6） M2　M1　玄关　主卧室　客厅　实测区 7（外门 1）　TLM04 餐厅　实测区 1（外窗 1）　阳台　LC24

续表

常见问题	1. 窗框安装前为针对窗框进行质量验收。 2. 窗框材料不满足设计要求。 3. 窗框固定件安装不牢固、未做防腐措施
后期影响	1. 外门窗框安装不牢固，后期有脱落隐患。 2. 外门窗框安装不牢固，后期有渗水风险
防治措施	1. 将预留门洞按铝合金门框尺寸提前修好。 2. 在门框的侧边钉好连接件或木砖。 3. 门框安装并找好垂直度及几何尺寸后，用射钉枪或自攻螺钉将其门框与墙上预埋件固定。 4. 用低碱性水泥砂浆将门框与砖墙四周的缝隙填实。 5. 铝合金门窗与非不锈钢紧固件接触面之间必须做防腐处理；严禁用水泥砂浆作门窗框与墙体之间的填塞材料

图 9.4　工程实例图片

左图：窗框固定是否在预制块上；右图：固定是否牢靠、同时注意固定件需做到内高外低。

9.5　边框收口与塞缝（铝合金 - 塑钢窗）

表 9.5

指标说明	反映外门窗边框收口与塞缝处开裂和空鼓程度
合格标准	1. 窗框与洞口间无缠绕保护膜，临时固定木楔需取出； 2. 门窗框四边塞缝采用发泡胶（严寒地区底缝为发泡胶）或干硬性水泥砂浆塞缝；填缝须密实； 3. 超出门窗框外的发泡胶应在其固化前用手或专用工具压入缝隙中；严禁固化后用刀片切割； 4. 外门窗框滴水线、散水坡、鹰嘴角度和坡度正确
测量工具	目测、空鼓锤
测量方法和数据记录	1. 实测区与合格率计算点：室内任何 1 处外门窗洞口都可以记作 1 个实测区，同一实测区取 1 个实测点，实测值记作合格率 1 个计算点。所有外门窗需全检。所选 2 套房中共 20 个实测区，若不能满足 20 个时，需增加实测套房数。 2. 测量方法：同一实测区选取 4 个框边，目测或尺量，检查是否符合合格标准。 3. 数据记录：如发现同一测区有一处不符合合格标准，则该实测区的 1 个实测点不合格。反之，则该实测区 1 个实测点为合格。不合格点均按“1”记录，合格点均按“0”记录

续表

示例	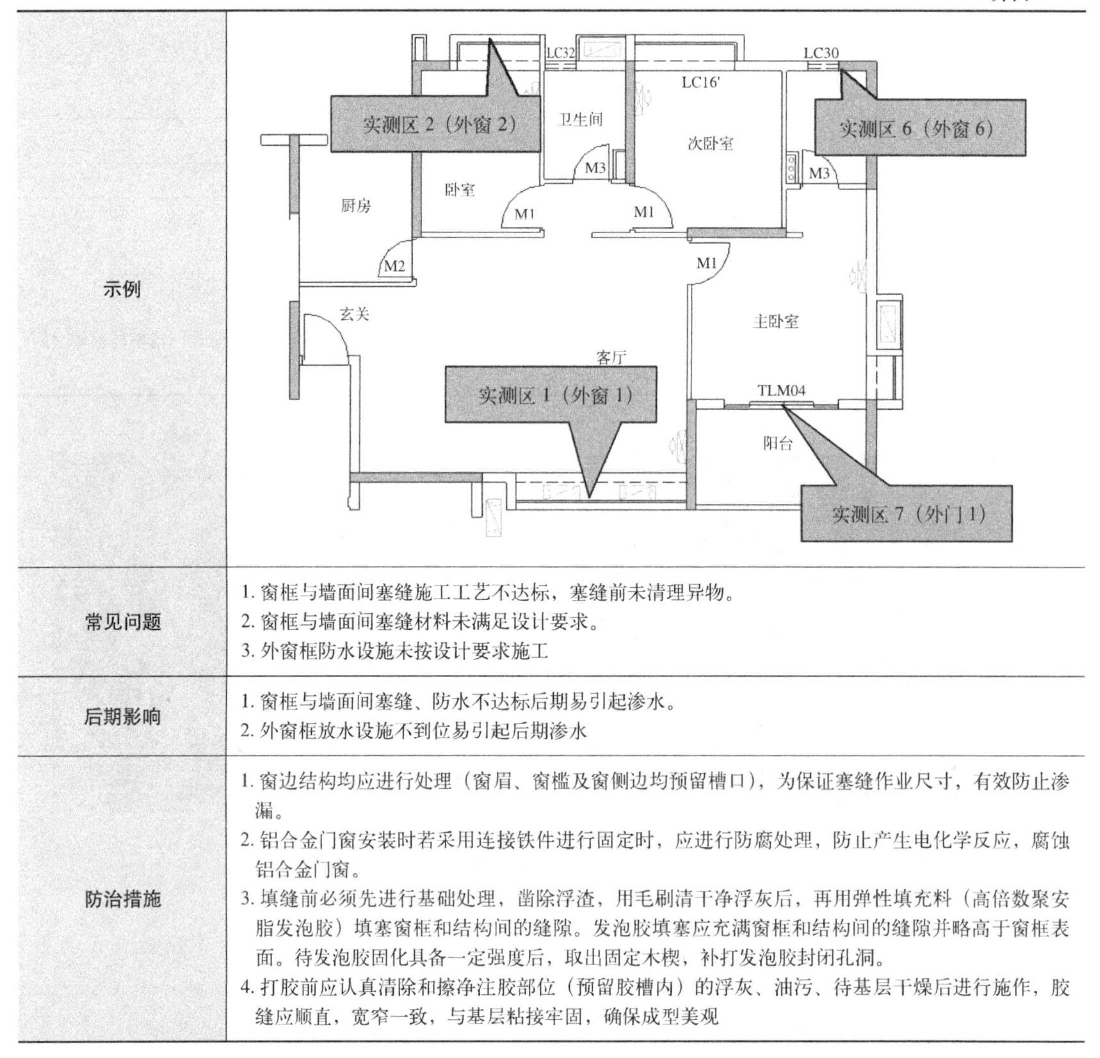
常见问题	1. 窗框与墙面间塞缝施工工艺不达标，塞缝前未清理异物。 2. 窗框与墙面间塞缝材料未满足设计要求。 3. 外窗框防水设施未按设计要求施工
后期影响	1. 窗框与墙面间塞缝、防水不达标后期易引起渗水。 2. 外窗框放水设施不到位易引起后期渗水
防治措施	1. 窗边结构均应进行处理（窗眉、窗槛及窗侧边均预留槽口），为保证塞缝作业尺寸，有效防止渗漏。 2. 铝合金门窗安装时若采用连接铁件进行固定时，应进行防腐处理，防止产生电化学反应，腐蚀铝合金门窗。 3. 填缝前必须先进行基础处理，凿除浮渣，用毛刷清干净浮灰后，再用弹性填充料（高倍数聚安脂发泡胶）填塞窗框和结构间的缝隙。发泡胶填塞应充满窗框和结构间的缝隙并略高于窗框表面。待发泡胶固化具备一定强度后，取出固定木楔，补打发泡胶封闭孔洞。 4. 打胶前应认真清除和擦净注胶部位（预留胶槽内）的浮灰、油污、待基层干燥后进行施作，胶缝应顺直，宽窄一致，与基层粘接牢固，确保成型美观

 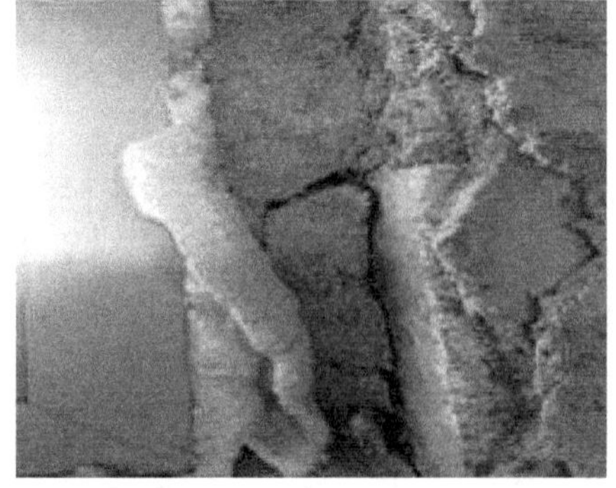

图 9.5　工程实例图片

左图：窗框塞缝材料必须满足要求，最好使用干硬性水泥砂浆；右图：塞缝最容易存在开裂现象。

第三部分　精装工程篇

10　水电隐蔽工程【GB 50327—2001】

水电隐蔽工程实测实量共包括排水管道通畅、给水管道渗漏、冷热水管间距、水管埋没深度/位置、电线管线线径、穿线数量、电线暗盒定位、电线接头8项内容。本章各分项指标说明、合格标准等依据《住宅装饰装修工程施工规范》GB 50327—2001第15、16章制定。

10.1　排水管道通畅

表10.1

指标说明	排水管材配件符合图纸设计要求并且有产品合格证书
合格标准	1. 排水管顺畅、无堵塞、破损，束接部位连接完好； 2. 排水管不小于1%坡度
测量工具	5m钢卷尺、标线仪、水袋、目测
测量方法和数据记录	1. 室内厨房、卫生间、阳台、露台等有排水管区域为1个实测区，累计实测实量20个实测区； 2. 用水袋检查地漏、下水管检查是否通畅； 3. 用标线仪弹水平线、卷尺测量台盆、地漏、马桶下水管分管到主下水管排水坡度是否符合要求
示例	
常见问题	1. 施工中下水管未保护，垃圾堵塞； 2. 台盆、地漏、马桶下水管与主下水管布管排水坡度不符合要求
后期影响	1. 下水管堵塞影响使用； 2. 排水不通畅
防治措施	1. 施工中原地漏、排水管应保护好或临时堵掉； 2. 排水管安装弹好水平线控制下水管排水坡度时

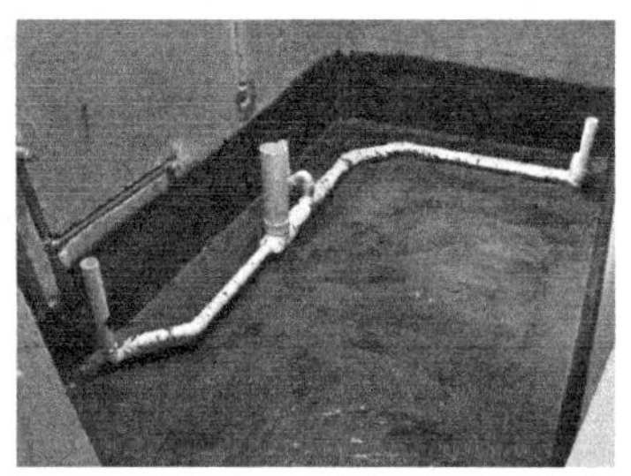

图 10.1　工程实例图片

检测要点：检查下水管通畅时，注意观察检修口、束接部位是否漏水。下水管移位，需检查下水管有无排水坡度。

10.2　给水管道渗漏

表 10.2

指标说明	反映给水管的焊接、龙头、角阀部位安装是否渗漏
合格标准	束接、过桥、丝口、龙头、角阀、堵头部位无渗漏
测量工具	5m 钢卷尺、水管打压工具、目测
测量方法和数据记录	1. 每套房子水管试压为 1 个实测区，累计实测实量 10 个实测区。 2. 用软管把冷热水管连通、每个水口部位堵好打压 0.6 ~ 0.8MPa 30 分钟稳压后检查有无渗漏情况
示例	无渗漏
常见问题	水管焊接点歪斜、水管焊接热熔器温度未达要求、水管及配件不匹配或材料不是同一品牌、焊接时焊接部位未清理干净
后期影响	后期有渗水，影响其他装修项目
防治措施	水管焊接完工后水管打压测试，每个水口及接头部位逐一检查

图 10.2　工程实例图片

检测要点：水管打压测试时，注意查看水管的每一个接头、丝口（堵头）部位有无漏水情况。

10.3 冷热水管间距

表 10.3

指标说明	反映给水管布管间距是否符合规范要求
合格标准	1. 冷热水管间距 200mm、交叉部位间距 30mm。 2. 水管安装应左热右冷
测量工具	5m 钢卷尺
测量方法和数据记录	1. 每套独立间为 1 个实测区，累计实测实量 20 个实测区。 2. 用 5m 钢卷尺检查台盆、淋浴花洒、浴缸、洗衣池等测量冷热水管间距
示例	200mm 热 冷　30mm 热 冷
常见问题	1. 水电定位未考虑冷热水管布管或走向。 2. 水电弹线开槽不准确
后期影响	由于水管的热胀冷缩，易拉断、挤段水管
防治措施	1. 根据设计图纸弹线定位。 2. 水管焊接前复核。 3. 水管焊接完工后冷热水管各支管逐一检查并做好记录

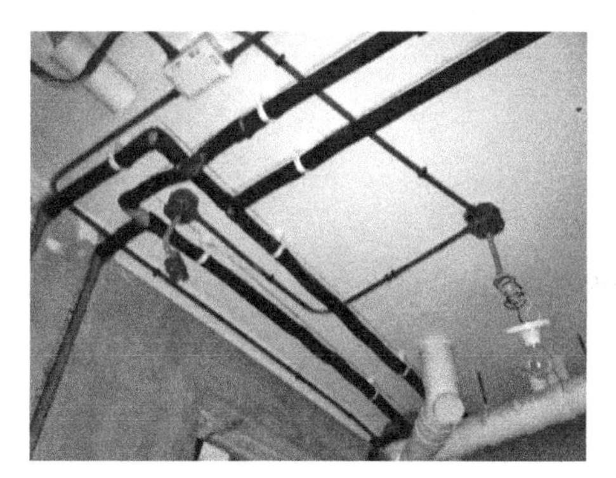

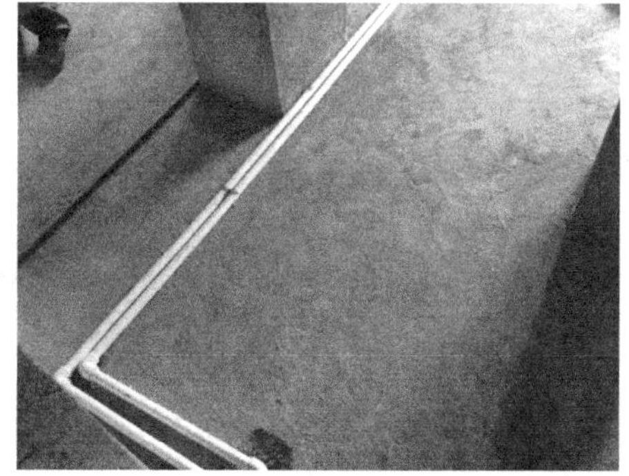

图 10.3　工程实例图片

检测要点：卷尺测量冷热水管间距，右侧图片中冷热水管布管未分开规定间距。

10.4 冷热水管埋管深度

表 10.4

指标说明	反映水管埋没深度 / 位置是否符合要求
合格标准	1. 嵌入墙体、地面的管道应进行防腐处理并用水泥砂浆保护，其保护厚度应符合下列要求：墙内冷水管不小于 10mm，热水管不小于 15mm，嵌入地面的管道不小于 10mm。 2. 嵌入墙体、地面或暗敷的管道应作隐蔽工程验收
测量工具	5m 钢卷尺、目测
测量方法和数据记录	1. 每套房子独立间为 1 个实测区，累计实测实量 20 个实测区。 2. 用 5m 钢卷尺检查台盆、淋浴花洒、浴缸、洗衣池等，测量冷热水管间距
示例	墙面 水管 地面 水管 墙内冷水管不小于 10mm 热水管不小于 15mm 嵌入地面的管道不小于 10mm
常见问题	1. 墙地面开槽深度不够，水管固定不到位。 2. 开槽深度过深，水管丝口凹进墙面较多影响后期角阀、龙头等安装
后期影响	水管未埋入墙内所规定的尺寸，影响后期墙面贴瓷砖
防治措施	墙面弹线开槽深度应达到规定要求并逐一检查

图 10.4 工程实例图片

图为检查冷热水管埋管深度。

10.5 电线线径

表 10.5

指标说明	反映各个回路电线线径是否符合要求
合格标准	1. 电源线配线，所用导线截面积应满足用电设备的最大输出功率。 2. 柜式空调插座电源线主线线径不小于 $4mm^2$。 3. 普通插座电源线线径不小于 $2.5mm^2$；大功率用电设备应独立配线安装插座；线径误差小于1%d
测量工具	游标卡尺
测量方法和数据记录	1. 每套房子配电箱的单个回路为1个实测区，累计实测实量20个实测区，不低于8套。 2. 根据设计图纸对每个回路逐一检查并且在配电箱部位做好标识。 3. 用游标卡尺检查各回路电线线径是否符合图纸及规范要求。 4. 检查厨房、卫生间有无大功率用电设备
示例	$S \geq 4mm^2$ $S \geq 2.5mm^2$ 空调插座电源主线 普通插座电源线
常见问题	1. 材料非国标线。 2. 布线穿管未按照图纸施工。 3. 同一回路有不同粗细的电线混用（浴霸电源线除外）
后期影响	1. 用电设备工作时，电线容易发热。 2. 当用电器功率过大时，电线无法承受荷载，配电箱空气开关易跳电，影响正常使用
防治措施	1. 电线材料进场时逐一检查是否国标线，是否符合图纸要求。 2. 对照设计图纸检查，按图纸要求布线。 3. 同一回路电源线应用同一线径电线

图 10.5 工程实例图片

检测要点：检查线径时注意绝缘层剔除。

10.6 电线穿线数量

表 10.6

指标说明	反映各个回路线管穿线量是否符合要求
合格标准	1. 管内电线总截面积（包括绝缘外皮）不应超过管内总截面积的 40%。 2. 同一回路电线应穿入同一线管内，但线管内总根数不应超过 8 根。 3. 不同回路电线不允许穿入同一根线管，不允许共用接地线
测量工具	目测、5m 钢卷尺、游标卡尺
测量方法和数据记录	1. 每套房子单个回路为 1 个实测区，累计实测实量 20 个实测区。 2. 目测每个回路线管内电线穿线不超过 8 根。 3. 用游标卡尺测量线管管径，计算线径的截面积与线管管径的比值不大于 40%。 4. 强电箱内空气开关的数量与电路回路相同，不允许两路（或以上）共用 1 个空气开关
示例	线管 电线穿线不超过 8 根
常见问题	未按图纸和规范施工
后期影响	1. 用电器使用过程中电线易发热。 2. 线管穿线较多，后期电线更换比较困难
防治措施	对照图纸施工，线管穿线按规范施工

图 10.6 工程实例图片

检测要点：分别计算线管及电线的直径，左图 4 分线管穿 3 根 2.5mm^2 电线；右图 4 分线管穿 3 根 6mm^2 电线。

10.7 电线暗盒定位

表 10.7

指标说明	该指标实测值为线盒及套管凸出或凹进墙体抹灰面的距离
合格标准	1. 严禁将线盒直接预埋在混凝土柱、梁及剪力墙中，要求采用预埋塑料泡沫的方式。 2. 空调套管直接预埋在混凝土柱、梁及剪力墙中时，要求抹灰时安装管圈。 3. 凹进偏差 [0，5]mm；凸出偏差 [0，1]mm
测量工具	5m 钢卷尺、标线仪
测量方法和数据记录	1. 该指标应在抹灰阶段进行测量。 2. 一个线盒或套管作为独立测量区域，每 2 套房累计实测实量 20 个实测区，不小于 8 套住宅。 3. 用钢卷尺测量线盒面或套管管口边与抹灰完成面的距离，抹灰时增加了管圈的套管测量管圈与抹灰完成面的距离
示例	
常见问题	开槽时深度不够，暗盒固定时不水平，多个暗盒固定时未弹水平线固定
后期影响	影响开关面板安装，插座面板安装后不水平、歪斜，不美观
防治措施	墙面开槽前，先弹好水平线，固定暗盒前检查开槽部位是否合适，暗盒固定后检查是否有不平整、歪斜、凸出墙面不平整等

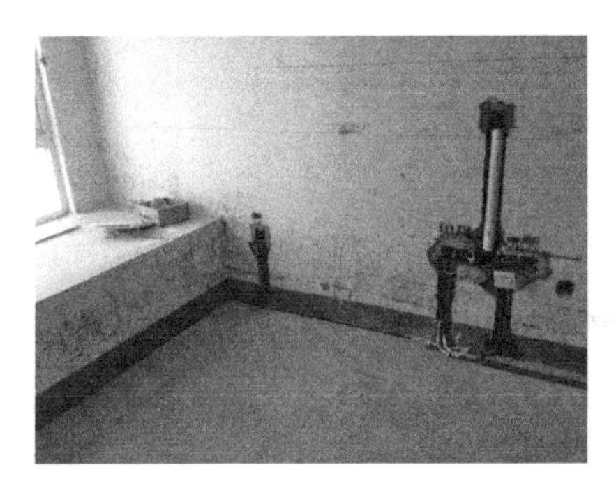

图 10.7　工程实例图片

检测要点：检查相邻的暗盒是否水平，暗盒固定后与墙面是否平整，暗盒两侧固定螺丝部位是否完好。左图暗盒固定水平，与墙面平齐，右图暗盒未固定。

10.8　电线接头

表 10.8

指标说明	反映电源线连接、接头部位是否符合要求
合格标准	1. 穿入配管导线的接头应设在接线盒内，接头搭接应牢固，绝缘胶布包缠应均匀紧密。 2. 线管内部禁止接线，不允许暗藏接线。 3. 当管线长度超过 15m 或者有两个直角弯时应设置拉线盒
测量工具	5m 钢卷尺、目测、摇表
测量方法和数据记录	1. 每套房子检查 3 个点为 1 个实测区，累计实测实量 20 个实测区。 2. 过路盒打开检查电线是否有接头。 3. 检查暗盒内电线接头是否拧紧、胶布包裹是否密实
示例	相 零 地 1. 穿入配管导线的接头应设在接线盒内，接头搭接应牢固，绝缘胶布包缠应均匀紧密。 2. 线管内部禁止接线，不允许暗藏接线。 3. 当管线长度超过 15m 或者有两个直角弯时就设置接线盒
常见问题	1. 电路排线时电线不够长，接线。 2. 电线接头部位未拧紧、胶布包缠不紧密
后期影响	1. 空气开关易跳电。 2. 插座部位容易接触不良。 3. 容易因接触电阻过大而发热、碰线
防治措施	电线线头接好后检查是否拧紧，胶布包缠是否紧密

图 10.8　工程实例图片

检测要点：检查隐蔽部位有无电线接头，电线接头部位是否拧紧、胶布包裹是否密实。左图电线接头在插座部位，右图电线接头在老线盒内。

11 墙地砖工程【GB 50210—2001】

地砖工程实测实量共包括表面平整度、垂直度、接缝高低差、空鼓、卫生间阳台地砖坡度要求、感官 / 色差 6 项内容。本章各分项指标说明、合格标准等依据《建筑装饰装修工程质量验收规范》GB 50210—2001 第 8 章制定。

11.1 墙地砖平整度要求

表 11.1

指标说明	反映墙地砖平整的施工要求
合格标准	[0，3]mm
测量工具	5m 钢卷尺、2m 靠尺、塞尺
测量方法和数据记录	1. 每一套房内厨房、卫生间、阳台或露台的一面墙作为 1 个实测区，累计实测实量 20 个实测区。 2. 各墙面顶部或根部 4 个角中，取左上及右下 2 个角按 45° 角斜放靠尺分别测量 1 次。2 次测量值作为判断该实测指标合格率的 2 个计算点
示例	墙 第一尺 第二尺 墙长小于 3m 时，此尺取消 第三尺 地面
常见问题	1. 瓷砖铺贴前未选砖，瓷砖本身材料不合理、变形。 2. 墙面铺贴未先找水平点，未做好水平灰饼就直接贴砖。 3. 铺贴时原始地面平整度误差较大，地砖铺贴时地面未拉水平线。 4. 地砖铺贴时砖与砖之间未用水平尺测量
后期影响	1. 墙面不平整会影响后期家具安装、摆设，影响美观。 2. 地面不平整影响后期家具摆设
防治措施	1. 地砖铺设前先预排瓷砖，挑选平整度误差较大的瓷砖。 2. 墙砖铺贴前墙面先找水平点，并做好灰饼。 3. 原始墙面、地面误差较大部位应先找平处理

图 11.1　工程实例图片

检测要点：注意测量方位，特别是门洞，窗洞边侧，墙体与横梁交界处是检测重点，检测用 2m 靠尺，塞尺辅助，取最大值为读数值。

11.2　墙砖垂直度要求

表 11.2

指标说明	反映墙面瓷砖铺贴垂直度的要求
合格标准	[0，2]mm
测量工具	2m 垂直检测尺
测量方法和数据记录	1. 每一套房内厨房、卫生间的一面墙作为 1 个实测区，累计实测实量 20 个实测区。 2. 实测值主要反映饰面砖墙体垂直度，应避开墙顶梁、柱子突出部位。 3. 每一个实测区测量 2 个点，其实测值作为判断该实测指标合格率的 2 个计算点，2mm 靠尺检查
示例	墙 第三尺 300 第二尺 墙长小于3m时，此尺取消 300 第一尺 地面
常见问题	1. 墙面贴砖时原始墙面未检查，原始墙面垂直度误差较大，贴砖时没有处理。 2. 墙砖铺贴时未弹好垂直线，无垂直参照线
后期影响	影响后期家具安装，家具（柜子）安装后与墙砖间隙大小不一，影响美观
防治措施	1. 墙砖铺贴前，原墙面检查，误差较大部位需粉刷垂直。 2. 墙砖铺贴需弹好垂直线

图 11.2 工程实例图片

检测要点：首先确定检测方位，检测时保证靠尺相对垂直，读取测量值时注意，严禁在最大值或者最小值读数。要等指针相对晃动静止时方可读取数据。

11.3 墙地砖接缝高低差

表 11.3

指标说明	反映墙地面瓷砖接缝处高低差是否符合要求
合格标准	瓷砖墙面、石材墙面 [0，0.5]mm
测量工具	钢直尺、塞尺
测量方法和数据记录	1. 该指标宜在装修收尾阶段测量。每一套房内厨房、卫生间、阳台或露台的一面墙作为 1 个实测区，累计实测实量 20 个实测区。 2. 在每一饰面砖墙面，目测选取 2 条疑似高低差最大的饰面砖接缝。用钢尺或其他辅助工具紧靠相邻两饰面砖跨过接缝，用 0.5mm 钢尺插入钢尺与饰面砖之间的缝隙。如能插入，则该测量点不合格；反之则该测量点合格。2 条接缝高低差的实测值，分别作为判断该实测指标合格率的 2 个计算点
示例	钢直尺 墙地砖 将 0.5mm 钢尺插入钢直尺与砖面之间的缝隙，如能插入，则该测量点不合格；反之则该测量点合格
常见问题	1. 瓷砖铺贴未选砖，瓷砖起拱不平整。 2. 瓷砖四个角有不平整，铺贴时未调整平整度
后期影响	两块瓷砖高低不平的拼接面容易藏污纳垢，影响美观
防治措施	1. 瓷砖铺贴时应预排砖，选出本身有起拱、变形的瓷砖。 2. 瓷砖铺贴时瓷砖四个角用橡皮锤敲打、调整平整。 3. 瓷砖铺贴，砖面之间用水平尺检查是否水平

图 11.3　工程实例图片

检测要点：在每一饰面砖墙面，目测选取 2 条疑似高低差最大的饰面砖接缝，钢尺或其他辅助工具紧靠相邻两饰面砖跨过接缝，用 0.5mm 钢尺插入钢尺与饰面砖之间的缝隙。

11.4　墙地砖空鼓要求

表 11.4

指标说明	反映墙地砖空鼓情况是否符合要求
合格标准	饰面砖粘贴应牢固、无空鼓；单块砖边角允许有局部空鼓，但每自然间或标准间的空鼓砖不应超过总数的 5%
测量工具	60 响鼓锤、便签
测量方法和数据记录	1. 每一套房内厨房、卫生间、阳台或露台的一面墙或地面作为 1 个实测区，累计实测实量 20 个实测区。 2. 用 60 响鼓锤检查并做好标记
示例	墙砖空鼓
常见问题	1. 瓷砖背面有污渍、未清理干净。 2. 瓷砖铺贴时，瓷砖后面水泥涂抹不均匀、漏抹。 3. 墙地面基层未清理干净，墙面原粉刷层有空鼓
后期影响	1. 墙面瓷砖易脱落，填缝剂开裂。 2. 地面瓷砖易破损、开裂、脱落
防治措施	1. 墙地砖铺贴前原墙面、地面检查有无空鼓，基层处理干净。 2. 墙地砖铺贴时水泥（胶粘剂）涂抹均匀、密实。 3. 墙地砖铺贴前瓷砖背面清理干净，无灰尘或杂物

图 11.4　工程实例图片

检测要点：小锤检查时，砖的四周及中间部位轻轻敲击检查，边角空鼓可不计。

11.5　卫生间、阳台地面坡度要求

表 11.5

指标说明	反映卫生间、阳台地面的坡度施工要求
合格标准	1. 卫生间地面坡度应大于 1%，淋浴房地面坡度应大于 1.5%。 2. 卫生间门槛石与地砖应有 5 ~ 8mm 高低差
测量工具	5m 钢卷尺、标线仪、深度游标卡尺
测量方法和数据记录	1. 每一套房内厨房、卫生间、阳台或露台的地面作为 1 个实测区，累计实测实量 20 个实测区。 2. 对排水房间地面进行淋水测试，地面排水顺畅、无积水现象（地面积水深度不大于 3mm）。 3. 每个检测区域用标线仪弹水平线测试四个角及地漏部位的水平高度，并且记录每个点的数值。 4. 门槛石与地砖高低差采用深度游标卡尺检测
示例	第五点 第一点 地漏 第二点 第四点 第三点
常见问题	1. 原始地面不平整。 2. 地砖铺贴时未用标线仪找水平
后期影响	排水不通畅、地面易积水
防治措施	1. 地砖铺贴前检查原始地面地漏部位是否为最低点。 2. 地砖铺贴应弹好水平线

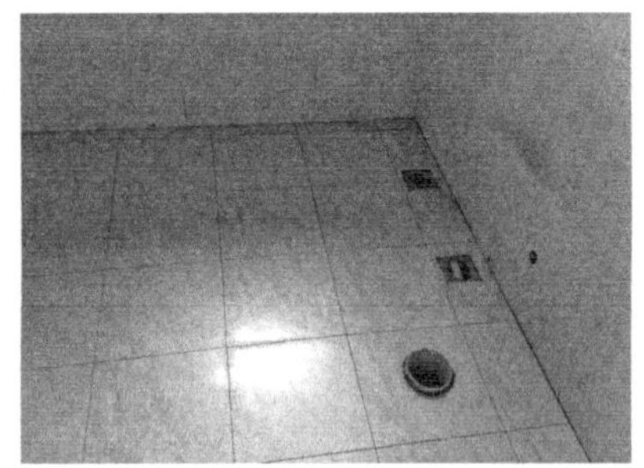

图 11.5 工程实例图片

检测要点：检查地面四个角及地漏五个位置。

11.6 感官、色差

表 11.6

指标说明	反映各个房间的墙砖、地砖铺设
合格标准	墙砖、地砖铺设颜色一致、无色差、爆瓷、破损、开裂
测量工具	目测
测量方法和数据记录	每一套房内厨房、卫生间、阳台或露台墙面或地面作为 1 个实测区，累计实测实量 8 个实测区
示例	无
常见问题	1. 瓷砖铺贴前未选砖，瓷砖有大小、色差、边角破损情况。 2. 瓷砖铺贴时留缝较小、瓷砖之间有挤压。 3. 瓷砖泡水时间过长有色差情况。 4. 墙面开关、插座部位瓷砖切割造成的瓷砖开裂
后期影响	瓷砖爆瓷、破损影响美观
防治措施	瓷砖铺贴前先选砖，瓷砖泡水时间适中

图 11.6 工程实例图片

检测要点：墙面阳角、底部四周瓷砖注意检查。

12 墙地面大理石工程【GB 50210—2001】

墙地面大理石工程实测实量共包括墙地面表面平整度，墙面垂直度，阴阳角方正，接缝高低差，裂缝/空鼓，破损、断裂、色差、填缝不密实6项内容。本章各分项指标说明、合格标准等依据《建筑装饰装修工程质量验收规范》GB 50210—2001 第8章制定。

12.1 墙地面表面平整度（墙面、地面石材工程）

表 12.1

指标说明	反映层高范围内大理石墙面、地面表面平整程度
合格标准	光面石材墙面、地面 [0，2]mm
测量工具	2m 靠尺、楔形塞尺
测量方法和数据记录	1. 每一套房内客厅、餐厅、厨房、卫生间、阳台或露台的同一面（区域）墙面、地面都可以作为1个实测区，累计实测实量10个实测区，共20个检测点。 2. 各墙面、地面顶部或根部4个角中，取左上及右下2个角按45°角斜放靠尺分别测量1次。2次测量值作为判断该实测指标合格率的2个计算点。 3. 所选房中表面平整度的实测区不满足10个时，需增加实测套房数
示例	墙 第一尺 第二尺 地面

12.2 墙面垂直度（墙面石材工程）

表 12.2

指标说明	反映层高范围大理石墙面垂直的程度
合格标准	石材墙面、地面 [0，2]mm
测量工具	2m 靠尺

续表

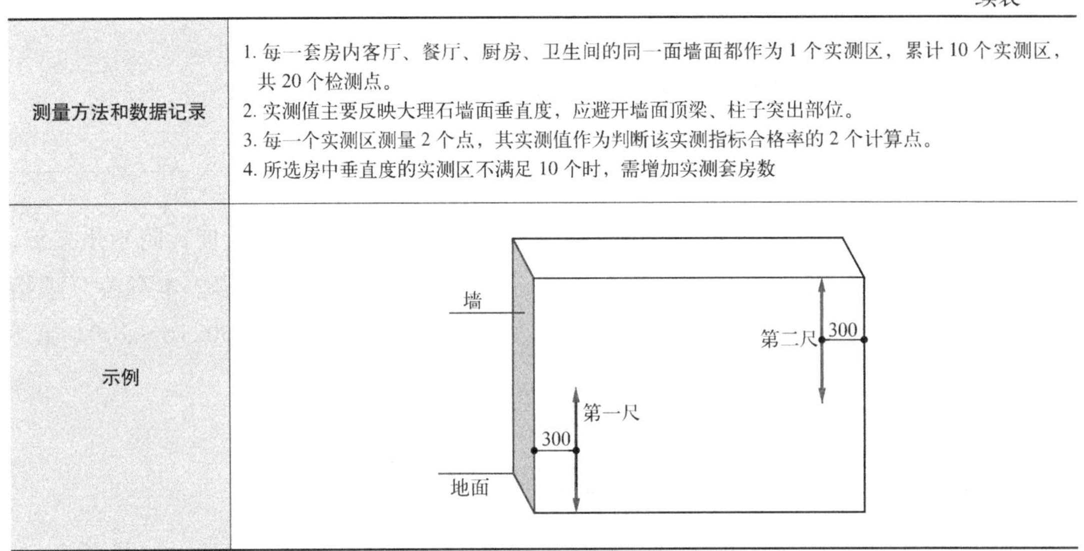

测量方法和数据记录	1. 每一套房内客厅、餐厅、厨房、卫生间的同一面墙面都作为 1 个实测区，累计 10 个实测区，共 20 个检测点。 2. 实测值主要反映大理石墙面垂直度，应避开墙面顶梁、柱子突出部位。 3. 每一个实测区测量 2 个点，其实测值作为判断该实测指标合格率的 2 个计算点。 4. 所选房中垂直度的实测区不满足 10 个时，需增加实测套房数
示例	

12.3　阴阳角方正（墙面石材工程）

表 12.3

指标说明	反映层高范围内大理石墙面阴阳角方正程度
合格标准	石材墙面 [0，2]mm
测量工具	阴阳角尺
测量方法和数据记录	1. 每一套房内客厅、餐厅、厨房、卫生间、阳台 / 露台的墙面每一个阴角或阳角都可以作为 1 个实测区，累计实测实量 10 个实测区，共 20 个检测点。 2. 一个阴角或阳角实测区，按 300mm、1500mm 分别测量 1 次。2 次测量值作为判断该实测指标合格率的 2 个计算点。 3. 所选房不能满足阴阳角方正的 10 个实测区时，需增加实测套房数
示例	第二尺 1200 第一尺 300

12.4 接缝高低差（墙面、地面大理石工程）

表 12.4

指标说明	该指标反映墙面、地面两块大理石接缝处相对高低偏差的程度。主要反映观感质量
合格标准	石材墙面、地面 [0，0.5]mm
测量工具	钢尺或其他辅助工具（平直且刚度大）、钢塞片
测量方法和数据记录	1. 该指标宜在装修收尾阶段测量。每一套房内客厅、餐厅、厨房、卫生间、阳台或露台的墙面、地面都可以作为 1 个实测区，累计实测实量 10 个实测区，共 20 个检测点。 2. 在每一个大理石墙面、地面，目测选取 2 条疑似高低差最大的大理石接缝。用钢尺或其他辅助工具紧靠相邻两大理石跨过接缝，用 0.5mm 钢塞片插入钢尺与大理石之间的缝隙。如能插入，则该测量点不合格；反之则该测量点合格。2 条接缝高低差的实测值，分别作为判断该实测指标合格率的 2 个计算点。 3. 为数据统计方便和提高实测效率，不合格点均按 0.6mm 记录，合格点均按 0.1mm 记录。 4. 所选房不能满足接缝高低差的 10 个实测区时，需增加实测套房数
示例	钢尺 面砖 以0.5mm钢尺插入钢尺与面板之间的缝隙，如钢尺能插入，则该测量点不合格。反之则该测量点合格

12.5 裂缝 / 空鼓（墙面、地面大理石工程）

表 12.5

指标说明	反映户内客厅、餐厅、厨房、卫生间等墙面、地面大理石工程裂缝 / 空鼓的程度
合格标准	大理石墙面、地面无裂缝、空鼓
测量工具	目测、空鼓锤
测量方法和数据记录	1. 实测区与合格率计算点：所选户型内有大理石墙面、地面的厨房、卫生间等每一自然间作为 1 个实测区。所选套房内所有墙面、地面全检。累计实测实量 10 个实测区。1 个实测区的实测值作为 1 个实测合格率计算点。所选套房的实测区不满足 10 个时，需增加实测套房数。 2. 测量方法：实测时，需完成粘贴大理石工程。通过目测检查裂缝，空鼓锤敲击检查空鼓。 3. 数据记录：所选同一实测区只要发现有 1 条裂缝或通过空鼓锤敲击发现有 1 处空鼓就可以认为该实测区的 1 个实测点不合格。反之，则该实测区 1 个实测点为合格。不合格点均按“1”记录，合格点均按“0”记录

续表

示例	（10个实测区、10个实测点） 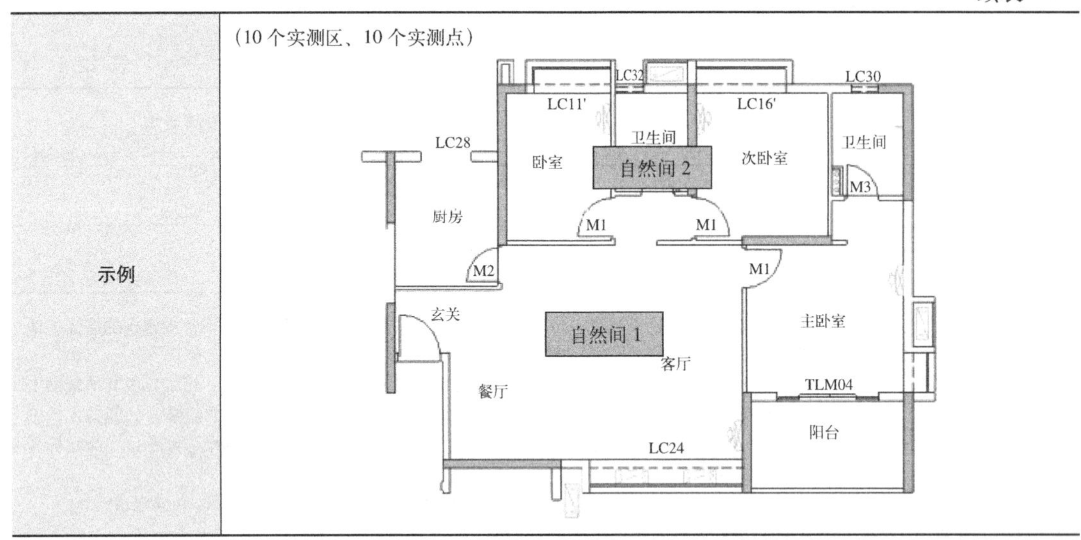

12.6 破损、断裂、色差、填缝不密实（观感）

表 12.6

指标说明	反映户内客厅、餐厅、厨房、卫生间等墙面、地面大理石工程的断裂、破损、色差、填缝不密实
合格标准	大理石墙面、地面破损、断裂、色差、填缝不密实
测量工具	目测
测量方法和数据记录	1. 实测区与合格率计算点：所选户型内有大理石墙面、地面的厨房、卫生间等每一自然间作为1个实测区。所选套房内所有墙面、地面全检。累计实测实量10个实测区。1个实测区的实测值作为1个实测合格率计算点。所选套房的实测区不满足10个时，需增加实测套房数。 2. 测量方法：实测时，需完成大理石粘贴或干挂工程。通过目测检查。 3. 数据记录：所选同一实测区只要发现有1处破损或断裂、色差、填缝不密实就可以认为该实测区的1个实测点不合格。反之，则该实测区1个实测点为合格。不合格点均按“1”记录，合格点均按“0”记录

13 石膏板吊顶工程【GB 50210—2001】

吊顶工程实测实量共包括龙骨间距、石膏板水平度、吊顶节点（防火、防腐、钉眼、防锈）3项内容。本章各分项指标说明、合格标准等依据《建筑装饰装修工程质量验收规范》GB 50210—2001第6章制定。

13.1 石膏板吊顶龙骨间距

表 13.1

指标说明	龙骨间距应符合设计和相关规范要求
合格标准	吊杆距主龙骨端部距离不得大于 300mm；当大于 300mm 时应增加吊杆。 当吊杆长度大于 1.5m 时应设置反支撑，当吊杆与设备相遇时应调整并增设吊杆
测量工具	5m 钢卷尺、标线仪
测量方法和数据记录	1. 每一个功能区的吊顶作为 1 个实测区，累计实测实量 20 个实测区，套数不低于 4 套。 2. 每个实测区标线仪弹好水平线，在房间四周及中间部位测量每个点的高度值偏差，误差 3mm。 3. 用卷尺测量主龙骨、副龙骨、吊杆间距。 4. 卷尺测量吊杆长度，长度超过 1.5m 的，检查有没有反支撑点
示例	400mm 400mm 300mm 300mm
常见问题	1. 吊顶施工前四周弹线，放线不水平，有误差。 2. 吊顶龙骨间距偏大，不符合要求
后期影响	吊顶石膏板安装不平整
防治措施	吊顶龙骨安装时先弹好水平线并复测无误

图 13.1 工程实例图片

检测要点：卷尺测量，如图所示；石膏板吊顶，吊杆间距 <1200mm，副龙骨间距 <400mm。

13.2　石膏板的水平度

表 13.2

指标说明	反映石膏板吊顶水平度的施工要求
合格标准	顶部水平度误差 [0，3]mm
测量工具	5m 钢卷尺、标线仪、塔尺
测量方法和数据记录	1. 每一个功能区的吊顶作为 1 个实测区，累计实测实量 30 个实测区，套数不低于 4 套。 2. 使用标线仪在所测量区域打出一条水平基准线，同一实测区取四个角及中心位置一共 5 个点，分别测量吊顶与水平基准线距离。 3. 以垂直距离的最低点为基准点，计算另外四点与最低点之间的偏差，最大偏差值≤ 5mm 时，5 个偏差值（基准点偏差值以 0 计）的实际值作为判断该实测指标合格率的 5 个计算点。最大偏差值> 5mm 时，5 个偏差值均按最大偏差值计，作为判断该实测指标合格率的 5 个计算点
示例	第一点　第二点　第五点　房间　第四点　第三点　300
常见问题	1. 吊顶龙骨施工前弹线不水平，误差较大。 2. 石膏板封板时龙骨安装不平整或石膏板有变形。 3. 当无设计要求时，吊顶间距应小于 1.2m，应按房间短向跨度的 1‰ ~3‰起拱
后期影响	1. 顶部不水平，墙顶面交接处阴角不顺直。 2. 吊顶涂料完工后不平整，如波浪形状
防治措施	1. 吊顶龙骨施工前墙面四周谈好水平基准线并复测无误差。 2. 吊顶牢固安装完工后检查龙骨安装是否牢固、平整、无变形情况

图 13.2　工程实例图片

检测要点：墙面弹水平线，塔尺检查点注意在离墙面 300mm 范围内，且塔尺摆放垂直后观察。

13.3　石膏板吊顶节点（螺钉安装、接缝平整、开裂）

表 13.3

指标说明	反映吊顶安装完工后是否符合规范及验收标准
合格标准	1. 石膏板螺丝与石膏板边距离：纸包边为 10 ~ 15mm，切割边为 15 ~ 20mm，石膏板周边螺丝间距为 150 ~ 170mm，石膏板中间螺丝间距小于 200mm。 2. 安装双层石膏板时，上下层石膏板接缝应错开，不得在同一根龙骨上接缝。 3. 石膏板螺丝应略埋入石膏板面，并不得使纸面破损，钉眼应做防锈处理并用腻子抹平。 4. 石膏板安装平整度误差小于 3mm。 5. 石膏板转角部位应按设计要求进行板缝防开裂处理
测量工具	5m 钢卷尺、标线仪、2m 靠尺、目测
测量方法和数据记录	1. 每一个功能区的吊顶作为 1 个实测区，累计实测实量 20 个实测区，套数不低于 8 套。 2. 同一实测区域内用卷尺测量石膏板螺钉固定间距、螺钉与石膏板边间距、石膏板螺钉有无略埋入板内。 3. 用靠尺、塞尺检查石膏板安装平整度。 4. 目测石膏板转角部位有无安装设计要求进行防开裂处理
示例	螺丝安装　石膏吊顶 墙
常见问题	1. 封石膏板时石膏板未弹线、标记螺钉固定点。 2. 未安装规范固定螺钉，螺钉固定时螺钉与石膏板边距离过小造成石膏板破损。 3. 转角部位石膏板接缝与龙骨接缝未错开
后期影响	石膏板破损、开裂、螺钉部位露锈、不平整
防治措施	1. 封石膏板前检查龙骨安装是否平整、牢固。 2. 封石膏板时弹线、计算螺钉固定点。 3. 吊顶转角部位龙骨与石膏板接缝错开，如木龙骨吊顶石膏板应加白胶加固处理

图 13.3　工程实例图片

检测要点：左图石膏板螺丝距石膏板切割边距离小于 15 ~ 20mm。

14 集成吊顶工程【GB 50210—2001】

集成吊顶工程实测实量共包括龙骨间距、扣板安装 2 项内容。本章各分项指标说明、合格标准等依据《建筑装饰装修工程质量验收规范》GB 50210—2001 第 6 章制定。

14.1 龙骨间距

表 14.1

指标说明	集成吊顶龙骨安装间距应符合设计和相关规范要求
合格标准	1. 吊杆间距小于 1200mm，主龙骨间距小于 900mm，副龙骨间距符合扣板安装尺寸。 2. 吊顶龙骨平整度误差小于 2mm
测量工具	5m 钢卷尺、标线仪
测量方法和数据记录	1. 每一个厨房、卫生间吊顶作为 1 个实测区，累计实测实量 20 个实测区，套数不低于 8 套。 2. 用 5m 钢卷尺测量吊杆、主龙骨、副龙骨安装是否符合规范及设计要求。 3. 每个实测区先弹好水平基准线，以水平线为起点从墙面四个角到顶部边龙骨间距测量
示例	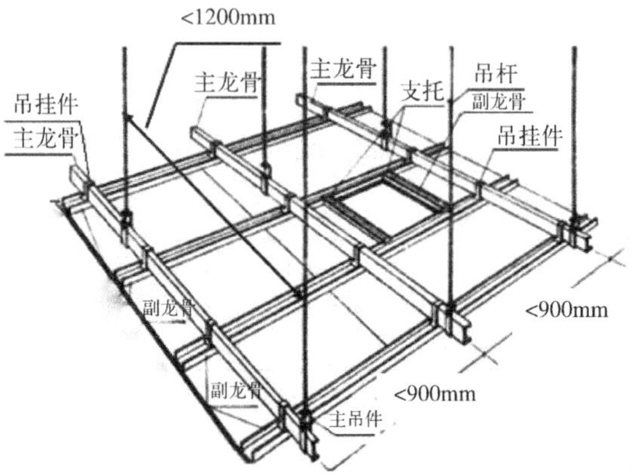 <1200mm 主龙骨 主龙骨 支托 吊杆 副龙骨 吊挂件 吊挂件 主龙骨 副龙骨 <900mm 副龙骨 <900mm 主吊件
常见问题	1. 吊顶龙骨安装前水平线有误差。 2. 吊顶龙骨安装间距过大
后期影响	1. 吊顶扣板安装不平整、变形。 2. 吊顶灯具、电器安装点龙骨承重达不到要求
防治措施	1. 吊顶龙骨施工前墙面四周弹好水平基准线并复测无误差。 2. 吊顶牢固安装完工后检查龙骨安装是否牢固、平整、无变形情况

图 14.1 工程实例图片

检测要点：左图吊顶主龙骨、副龙骨不规范，副龙骨与主龙骨未完全固定到位。

14.2 扣板安装

表 14.2

指标说明	反映吊顶安装是否符合规范要求
合格标准	吊顶扣板安装平整 [0，2]mm、板缝大小一致、无变形、破损、松动、色差
测量工具	5m 钢卷尺、标线仪、目测
测量方法和数据记录	1. 每一个厨房、卫生间的吊顶作为 1 个实测区，累计实测实量 20 个实测区，套数不低于 8 套。 2. 独立的厨房或卫生间作为一个区域，目测吊顶扣板有无变形、破损、松动、色差
示例	接缝大小不一致
常见问题	1. 吊顶龙骨安装不平整、龙骨变形。 2. 扣板之间缝隙未调整。 3. 吊顶四周扣板未固定在边龙骨上。 4. 扣板安装前有变形
后期影响	1. 整个吊顶缝隙大小不均匀、缝隙不顺直。 2. 吊顶四周扣板与边龙骨固定不牢固。 3. 吊顶上有凹凸变形、色差

续表

防治措施	1. 吊顶安装前先对材料进行挑选，有变形、掉漆色差的不安装。 2. 吊顶边龙骨固定扣板牢固。 3. 吊顶扣板安装完后调整缝隙均匀

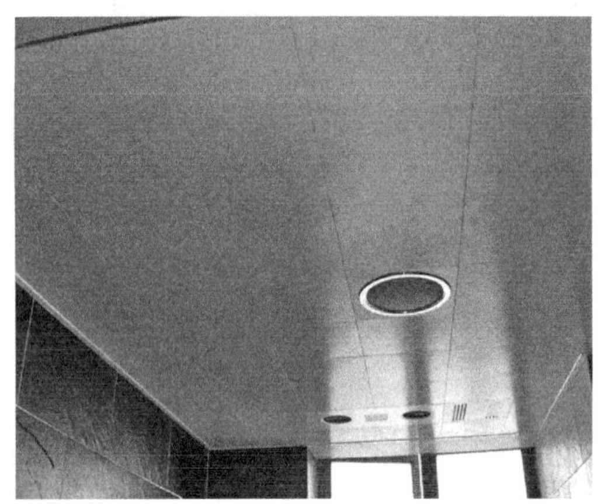

图 14.2　工程实例图片

检测要点：吊顶扣板间隙、缝隙大小、有无变形、色差、破损等情况。

15　橱柜工程【GB 50210—2001】

橱柜工程实测实量共包括柜体平整度、对角偏差、柜体垂直度 3 项内容。本章各分项指标说明、合格标准等依据《建筑装饰装修工程质量验收规范》GB 50210—2001 第 12 章制定。

15.1　柜体平整度、垂直度、安装完整

表 15.1

指标说明	反映橱柜柜体安装的平整、垂直、方正、整体
合格标准	柜体安装平整、垂直 [0，2]mm，不得有裂缝、翘曲及损坏
测量工具	目测、5m 卷尺、标线仪、2m 靠尺、60mm 水平尺
测量方法和数据记录	1. 每一个厨房间可作为 1 个实测区，累计实测实量 10 个实测区。 2. 用标线仪、水平尺检查橱柜立板安装的垂直度偏差。 3. 2m 靠尺检查柜体整体的平整度。 4. 随机取 5 个点目测检查柜体有无破损、开裂、开孔错误情况、外观无划痕、损伤、毛刺，平整无翘曲

续表

示例	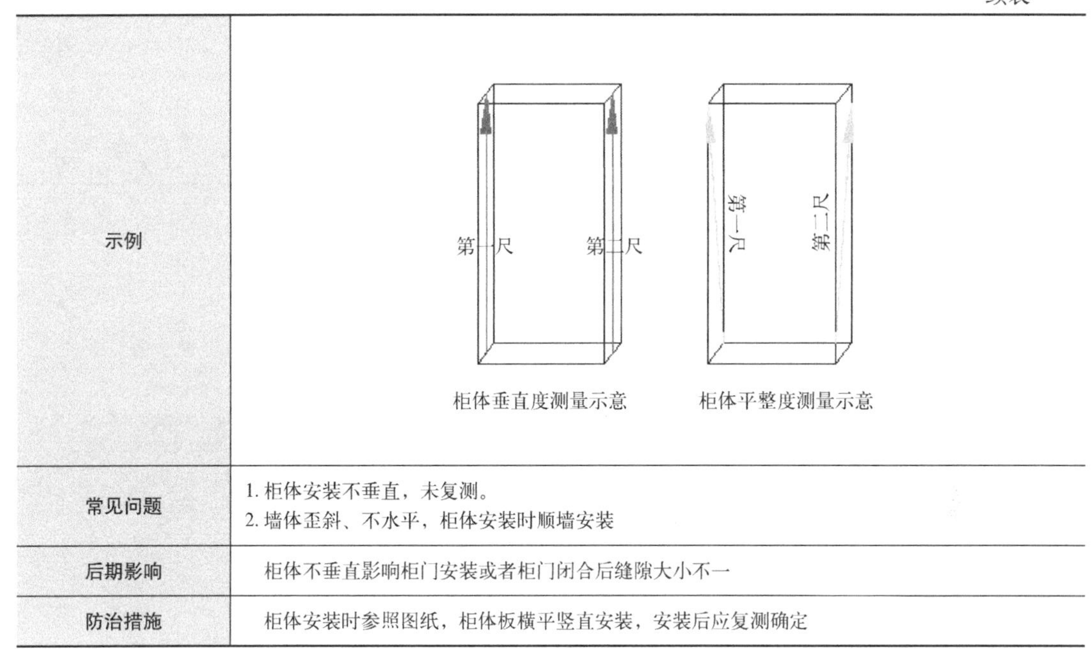
常见问题	1. 柜体安装不垂直，未复测。 2. 墙体歪斜、不水平，柜体安装时顺墙安装
后期影响	柜体不垂直影响柜门安装或者柜门闭合后缝隙大小不一
防治措施	柜体安装时参照图纸，柜体板横平竖直安装，安装后应复测确定

图 15.1　工程实例图片

检测要点：橱柜柜体检查平整度、垂直度，注意检查柜体与墙面之间是否完全靠紧，有无缝隙，固定牢固。

15.2　台面石材

表 15.2

指标说明	反映橱柜台面大理石（石英石）安装是否规范
合格标准	1. 平整、无破损、色差、开裂、划痕。 2. 台面预留灶具、洗涤盆、水管的洞口位置及尺寸应准确，与对应的设备尺寸相匹配。 3. 台面与墙边、设备边缘应进行密封处理
测量工具	目测、标线仪、水平尺、5m 钢卷尺

续表

测量方法和数据记录	1. 每一个厨房间可作为 1 个实测区，累计实测实量 10 个实测区。 2. 用标线仪弹水平线，5m 钢卷尺测量台面是否水平。 3. 用水平尺测量台面交接处是否平整。 4. 目测橱柜台面接缝处有无色差，台盆挡水、挂边有无开裂、破损。 5. 用 5m 钢卷尺测量水槽、燃气灶等预留孔洞部位与图纸是否有偏差
示例	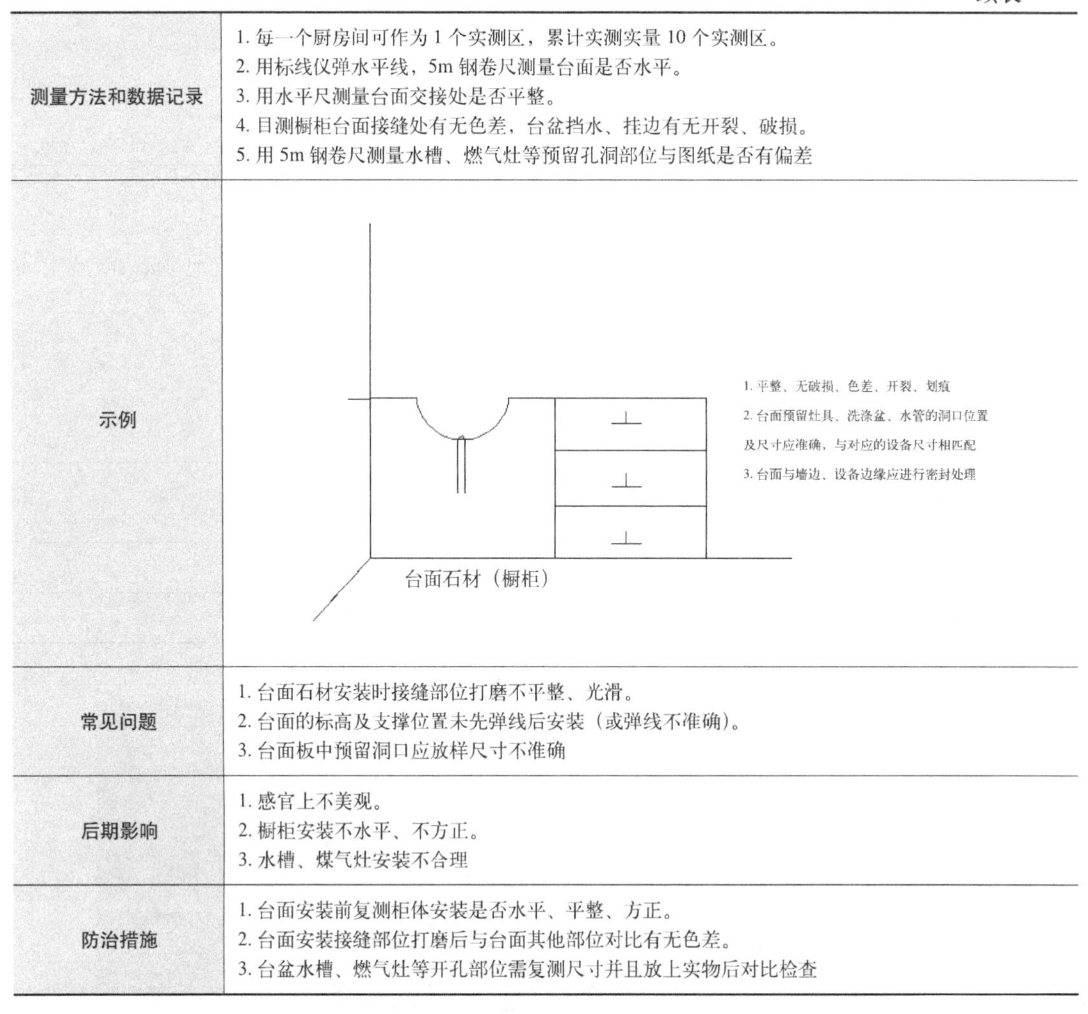
常见问题	1. 台面石材安装时接缝部位打磨不平整、光滑。 2. 台面的标高及支撑位置未先弹线后安装（或弹线不准确）。 3. 台面板中预留洞口应放样尺寸不准确
后期影响	1. 感官上不美观。 2. 橱柜安装不水平、不方正。 3. 水槽、煤气灶安装不合理
防治措施	1. 台面安装前复测柜体安装是否水平、平整、方正。 2. 台面安装接缝部位打磨后与台面其他部位对比有无色差。 3. 台盆水槽、燃气灶等开孔部位需复测尺寸并且放上实物后对比检查

图 15.2　工程实例图片

检测要点：检查台面接缝处是否平整、打磨是否有色差。注意台面预留洞口尺寸是否大小合适，台面大理石与挡水条交接处缝隙是否密封。

15.3 门板

表 15.3

指标说明	反映橱柜柜门安装
合格标准	1. 柜门平整、垂直，误差小于 2mm。 2. 柜门缝隙大小一致，误差小于 1.5mm。 3. 柜门无破损、划痕、开裂。 4. 柜门开关灵活
测量工具	标线仪
测量方法和数据记录	每一个厨房间可作为 1 个实测区，累计实测实量 ,10 个实测区，每个厨房间橱柜门板全部检查
示例	柜门缝隙大小 误差小于 1.5mm
常见问题	1. 柜门铰链安装歪斜、铰链缺螺丝。 2. 柜门门板有变形、不平整。 3. 柜门安装完成品保护不到位
后期影响	1. 门扇开关不灵活、闭合后不平整。 2. 感官上不美观
防治措施	1. 柜门安装前检查门板有无缺陷、变形，螺丝固定是否到位。 2. 柜门安装后门板间隙调整均匀

图 15.3 工程实例图片

检测要点：注意柜门安装过程中垂直度检测，柜门有无破损、划痕、掉漆等现象。

15.4　细部构造

表 15.4

指标说明	反映厨房门板铰链、阻尼、螺钉、把手、安装；橱柜踢脚线、台面及柜体四周打胶密封是否符合规范
合格标准	1. 门板铰链安装牢固、螺钉固定到位。 2. 踢脚线安装牢固、无松动。 3. 橱柜台面及柜体四周与墙面交接处应密封
测量工具	目测
测量方法和数据记录	1. 每一个厨房间可作为 1 个实测区，累计实测实量 10 个实测区。 2. 每个厨房间橱柜门板的铰链、把手全数检查
示例	门板铰链安装牢固、螺钉固定到位 踢脚线安装牢固、无松动 橱柜台面及柜体四周与墙面交接处应密封 细部构造（橱柜）
常见问题	门板铰链固定时螺钉安装不全，铰链闭合不灵活
后期影响	影响美观和正常使用
防治措施	依次检查各细部构造

图 15.4　工程实例图片

检测要点：注意检查橱柜工程细部螺丝、铰链安装，踢脚线接缝及固定是否到位。

16　木地板工程【GB 50209—2010】

木地板工程（强化复合、实木复合、实木地板）实测实量共包括表面平整度、地板接缝宽度、地板接缝高低差、地板水平度极差、踢脚线与面层间缝宽、感官（色差等）6项内容。本章各分项指标说明、合格标准等依据《建筑地面工程施工质量验收规范》GB 50209—2010第7章制定。

16.1　地板平整度

表16.1

指标说明	反映室内地板平整度
合格标准	[0，2]mm
测量工具	2 m靠尺、楔形塞尺
测量方法和数据记录	1. 每一功能房间木地板地面都可以作为1个实测区，累计实测实量20个实测区。任选同一功能房间地面的2个对角区域，按与墙面夹角45°平放靠尺测量2次，加上房间中部区域测量一次，共测量3次。 2. 客\餐厅或较大房间地面的中部区域需加测1次，3次或4次实测值分别作为判断该实测指标合格率的3个或4个计算点，所选2套房中表面平整度的实测区不能满足6个时，需增加实测套房数。
示例	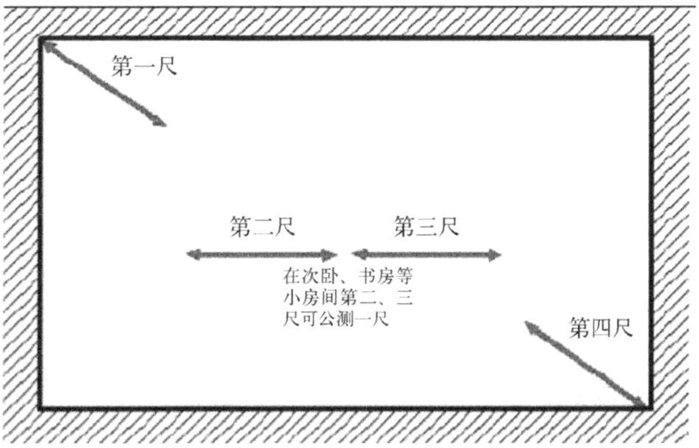 第一尺 第二尺 第三尺 在次卧、书房等小房间第二、三尺可公测一尺 第四尺
常见问题	地板铺贴前地面未清理干净，地面找平层误差较大
后期影响	1. 地板踩踏松动、地板与踢脚线间隙大小不一。 2. 地板不平整影响后期家具摆设
防治措施	地板铺贴前地面基层清理干净，地面基层平整度复测是否达到规范要求（小于5mm）

图 16.1　工程实例图片

检测要点：地板边角处按与墙面夹角 45° 进行平整度检查。

16.2　地板接缝宽度

表 16.2

指标说明	指地板两个地板条之间拼接缝隙大小，反映观感质量。本指标适用于实木地板、实木复合地板
合格标准	≤ 0.5mm
测量工具	钢尺
测量方法和数据记录	1. 该指标宜在装修收尾阶段测量。每一功能房间木地板地面都可以作为 1 个实测区，累计实测实量 20 个实测区。 2. 以不同地板材料所对应的接缝标准，选择相应厚度的钢尺。 3. 在同一实测区的地板面，目测选取 2 条疑似接缝最大的地板条接缝，分别用钢尺插入地板条之间的缝隙。如能插入，则该测量点不合格；反之则该测量点合格。同一功能房间内选取 2 个实测值均作为判断该实测指标合格率的 2 个计算点。 4. 为数据统计方便和提高实测效率，不合格点均按规范标准加 0.1mm 记录，合格点均按规范标准减 0.1mm 记录。 5. 所选 2 套房中地板接缝宽度的实测区不能满足 6 个时，需增加实测套房数
示例	木地板 以相应厚度钢尺插入木地板之间的缝隙，如钢尺能插入，则该测量点不合格。反之则该测量点合格
常见问题	地板铺设时地板缝隙未留缝，缝隙大小不一
后期影响	1. 实木地板缝隙过小影响后期使用，如起拱、走动响声、地板挤压不平；缝隙过大则易造成地面缝隙内部灰尘不好清理、不美观。 2. 实木复合地板缝隙大小不均不美观，影响后期正常使用。
防治措施	地板铺设前先预排，选出误差较大的地板，地板铺设时地板间隙用专用卡件控制地板缝隙

图 16.2 工程实例图片

检测要点：以不同材料对应的接缝标准选择不同的钢塞片，对目测较大的接缝进行检测。

16.3 地板接缝高低差

表 16.3

指标说明	该指标反映两块地板条接缝处相对高低偏差的程度。主要反映观感质量。本指标适用于实木地板、实木复合地板
合格标准	≤ 0.5mm
测量工具	钢尺或其他辅助工具（平直且刚度大）
测量方法和数据记录	1. 该指标宜在装修收尾阶段测量。 2. 每一功能房间木地板地面都可以作为 1 个实测区，累计实测实量 20 个实测区。 3. 在同一实测区的地板面，目测选取 2 条疑似高低差最大的地板条接缝，分别用钢尺或其他辅助工具紧靠相邻两地板条跨过接缝，以 0.5mm 厚度的钢尺插入与地板条之间的缝隙。如能插入，则该测量点不合格；反之则该测量点合格。同一功能房间内选取 2 个实测值作为判断该实测指标合格率的 2 个计算点。 4. 为数据统计方便和提高实测效率，不合格点均按 0.6mm 记录，合格点均按 0.4mm 记录。 5. 所选 2 套房中地板接缝高低差的实测区不能满足 6 个时，需增加实测套房数
示例	钢尺 木地板 以 0.5mm 钢尺插入钢尺与面板之间的缝隙，如钢尺能插入，则该测量点不合格，反之则该测量点合格
常见问题	1. 地板铺设时未对铺设区域预排地板，选出高低尺寸误差较大的地板。 2. 地板铺设时未预留缝隙，挤压过紧所造成
后期影响	1. 地板高低不平部位易藏污纳垢、影响美观。 2. 地板易损坏
防治措施	1. 地板铺设前应预排地板，选出大小误差较大、色差、破损的地板。 2. 地板铺设应用专用卡件固定地板间缝隙

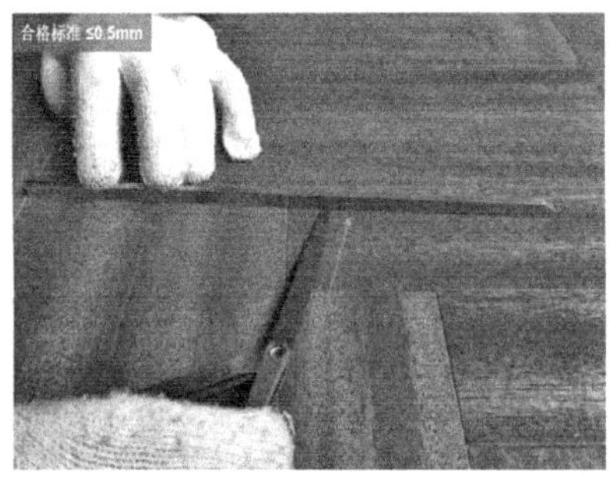

图 16.3 工程实例图片

检测要点：针对目测高低差较大处进行检测。

16.4 地板水平度极差

表 16.4

指标说明	考虑实际测量的可操作性，选用同一房间地板四个角点和一个中点距离同一水平线的极差，作为实测指标，以综合反映同一房间地板水平程度
合格标准	≤ 10mm
测量工具	激光扫平仪、钢卷尺（或靠尺、激光测距仪）
测量方法和数据记录	1. 每个功能房间木地板地面均可作为 1 个实测区，累计实测实量 20 个实测区；所选 2 套房中实测区小于 8 个时，需增加实测套房数。 2. 使用激光扫平仪，在实测房间内打出一条水平基准线。同一实测区地面的四个角距地脚边线 30cm 以内各取 1 点，在地面几何中心位取 1 点，总计 5 点。 3. 分别测量地板与水平基准线之间的 5 个垂直距离。以最低点为基准点，计算另外四点与最低点之间的偏差。 4. 最大偏差值≤ 15mm 时，5 个偏差值（基准点偏差值以 0 计）的实际值作为判断该实测指标合格率的计算点；最大偏差值> 15mm 时，5 个偏差值均按最大偏差值计，作为判断该实测指标合格率的计算点
示例	第一点 第二点 第五点 第四点 第三点 房间 300 地面水平度测量示意
常见问题	地板基层水平度极差不满足要求，地板施工过程中未进行调平
后期影响	地板不水平易造成地板松动脱落
防治措施	铺贴前对基层进行验收，铺贴过程中带线施工

图 16.4 工程实例图片

检测要点：同一实测区地面的四个角距地脚边线 300mm 以内各选取 1 点，在地面几何中心位选取 1 点，分别测量出地板与水平基准线之间的 5 个垂直距离。

16.5 感官（色差等）

表 16.5

指标说明	要求木地板外观无明显色差（与交付样板间效果基本一致）
合格标准	表面无破损、划痕、色差、起鼓等现象
测量工具	目测
测量方法和数据记录	1. 每个功能房间木地板地面均可作为 1 个实测区，累计实测实量 8 个实测区；所选 2 套房中实测区小于 8 个时，需增加实测套房数。 2. 目测 1 个功能房间内地板有无划痕、破损、色差、起鼓等现象
示例	表面无破损、划痕、色差、起鼓等现象
常见问题	1. 地板铺设前未预排，挑选地板，地板存在破损、掉漆、掉皮、色差等问题。 2. 地板安装完工后成品保护不到位。 3. 地板安装中施工所造成
后期影响	影响美观、破损部位不易修补
防治措施	1. 地板铺设前先预排、挑选地板。 2. 地板铺设完工后及时做好成品保护

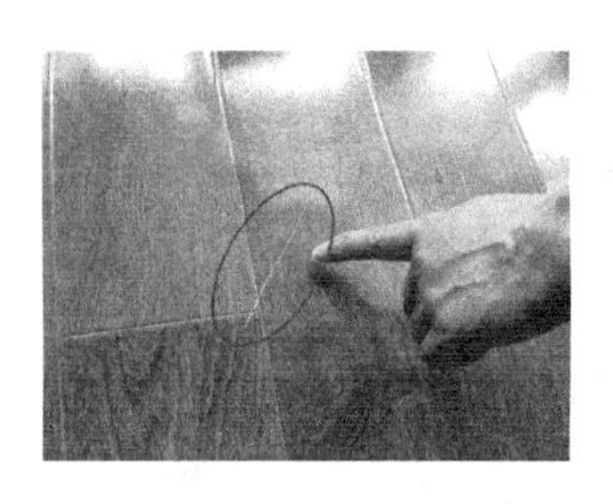

图 16.5 工程实例图片

检测要点：针对铺设地板房间等细节部位逐一检查。

17 木门工程【GB 50210—2001】

木门工程实测实量共包括门扇、门套的平整度垂直度、感官、五金配件安装 3 项内容。本章各分项指标说明、合格标准等依据《建筑装饰装修工程质量验收规范》GB 50210—2001 第 5、12 章制定。

17.1 门扇、门套安装平整度、垂直度

表 17.1

指标说明	反映门扇、门套安装平整度、垂直度是否符合要求
合格标准	平整度 [0，2]mm，垂直度 [0，2]mm
测量工具	标线仪、1m 垂直检测尺、1m 靠尺和塞尺
测量方法和数据记录	1. 每一樘门框都可以作为 1 个实测区，累计实测实量 20 个实测区。 2. 分别测量一樘门框的正面和侧面垂直度，共有 2 个实测值。选取其中数值较大的，作为判断该实测指标合格率的 1 个计算点。 3. 所选 2 套房中门框正、侧面垂直度（室内门）的实测区不能满足 10 个时，需增加实测套房数
示例	用标线仪进行门扇与门套垂直度检测

续表

常见问题	1. 门扇、门套安装本身有变形、不平整、不垂直 2. 门扇、门套安装时未用标线仪控制垂直度 3. 原门洞两侧墙体不在一条水平线上
后期影响	1. 门扇无法正常开关 2. 门扇开关时与门套有摩擦、碰撞 3. 门扇闭合后与门套间隙大小不一
防治措施	1. 门扇、门套安装前先检查一遍有无不平整、不垂直、变形等情况 2. 门扇、门套安装应用标线仪控制垂直度

图 17.1　工程实例图片

检测要点：注意内外门扇、门套均需检查。

17.2　门扇、门套安装感官

表 17.2

指标说明	门扇、门套安装完工后感官上是否符合要求
合格标准	门扇、门套表面应平整洁净、线条顺直、接缝严密、色泽一致，不得有裂缝、翘曲及损坏
测量工具	目测
测量方法和数据记录	1. 每一樘门框都可以作为 1 个实测区，累计实测实量 20 个实测区。 2. 目测一樘门、门套的表面有无破损、掉漆、划痕、起鼓
示例	门扇、门套表面无破损、掉漆、划痕、起鼓

续表

常见问题	1. 门扇、门套安装完工后未进行成品保护 2. 门扇、门套安装过程中有破损
后期影响	门扇、门套破损修补有色差、不美观
防治措施	门扇、门套安装后及时成品保护

图 17.2　工程实例图片

检测要点：注意门扇顶部、底部有无油漆处理、破损，门套线条拼接处缝隙，门套线条底部与地面间隙大小。

17.3　门扇、门套五金配件安装

表 17.3

指标说明	反映室内门扇、门套铰链、门锁、门吸安装
合格标准	无掉漆、划痕、变形；固定牢固、无松动
测量工具	目测
测量方法和数据记录	1. 每一樘门框均可作为 1 个实测区，累计实测实量 20 个实测区。 2. 每扇门的铰链、门锁、门吸逐一检查。 3. 门锁开关、内保险开关，门吸吸力检查
示例	1. 门扇、门套铰链、门锁、门吸安装符合要求 2. 无掉漆、划痕、变形；固定牢固、无松动

续表

常见问题	1. 门扇五金安装尺寸定位不正确。 2. 铰链、门锁、门吸五金本身有问题，无法正常使用
后期影响	1. 门扇无法正常开关、使用。 2. 门扇与门套开关时有碰撞、摩擦
防治措施	1. 铰链安装螺丝固定到位，铰链安装平整。 2. 门锁安装后调试开关灵活。 3. 门吸安装后调试闭合灵敏

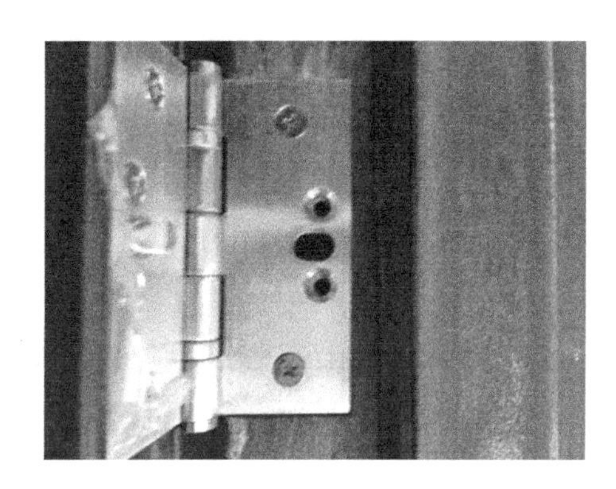

图 17.3 工程实例图片

检测要点：注意五金配件中螺丝等细部检查，铰链、门扇部位门扇门套开孔、开槽部位有无破损、开错。

18 涂饰工程【GB 50210—2001】

涂饰工程实测实量共包括墙面表面平整度、墙面垂直度、阴阳角方正、顶棚（吊顶）水平度极差、感官（色差、颗粒、透底、流坠、裂缝等）6 项内容。本章各分项指标说明、合格标准等依据《建筑装饰装修工程质量验收规范》GB 50210—2001 第 10 章制定。

18.1 墙面表面平整度

表 18.1

指标说明	反映层高范围内涂饰墙体表面平整程度
合格标准	[0，3]mm
测量工具	2m 靠尺、楔形塞尺

续表

测量方法和数据记录	1. 每面墙作为 1 个实测区，累计 20 个实测区；所选 2 套房实测区不足 15 个时，需增加实测套房数。 2. 同一实测区内： （1）当墙面长度小于 3m，在同一墙面顶部和根部 4 个角中，选取左上、右下 2 个角按 45° 角斜放靠尺分别测量 1 次，在距离地面 20cm 左右的位置水平测 1 次，共计 3 尺； （2）当墙面长度大于 3m，在同一墙面 4 个角任选两个方向各测量 1 次，在距离地面 20cm 左右的位置水平测 1 次，同时在墙长度中间位置增加 1 次水平测量，共计 4 尺； （3）所选实测区墙面优先考虑有门窗、过道洞口的，除以上各尺外，在各洞口 45° 斜测一次。 3. 同一实测区，一个实测值作为一个合格率计算点
示例	墙 第一尺 第四尺 增长小于 3m 时，此尺取消 第五尺 第三尺 第二尺 距地面约 20cm 位置 地面 平整度测量示意 （注：第五尺仅用于有门洞墙体）
常见问题	1. 墙面基层处理不平整。 2. 原始门洞边、踢脚线上部平整度误差较大
后期影响	1. 感官上不美观。 2. 门套线条、踢脚线、柜子与墙面交接处缝隙较大，感官差
防治措施	1. 基础处理时墙面需做平整。 2. 涂料施工前墙面打磨平整，底漆做完后墙面找平处理

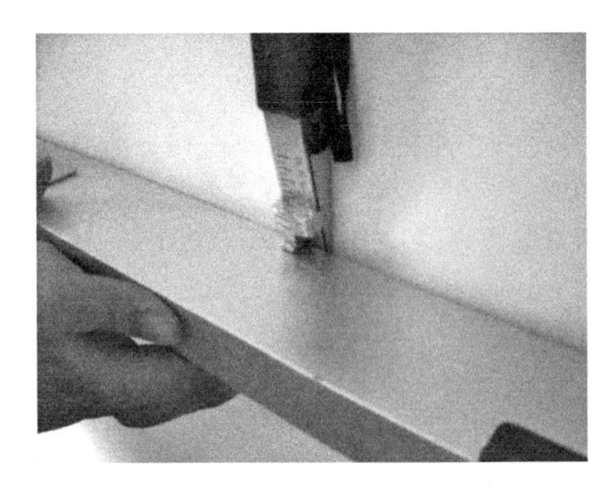

图 18.1 工程实例图片

检测要点：检查中小于 3m 墙面注意地面找平层以上 20cm 处进行检测，大于 3m 是需在中间部位加测一尺。

18.2 墙面垂直度

表 18.2

指标说明	反映层高范围涂饰墙体垂直的程度
合格标准	[0，3]mm
测量工具	2m 靠尺
测量方法和数据记录	1. 每面墙作为 1 个实测区，累计 20 个实测区；所选 2 套房实测区不满足 20 个时，需增加实测套房数。 2. 同一实测区内： （1）墙长度不大于 3m 时，同一面墙距两端头竖向阴阳角约 30cm 位置，分别在靠尺顶端接触到上部混凝土顶板位置时、靠尺底端接触到下部地面位置时各测 1 次垂直度，总计两次； （2）墙长度大于 3m 时，同一面墙距两端头竖向阴阳角约 30cm 和墙体中间位置，分别在靠尺顶端接触到上部混凝土顶板位置时、靠尺底端接触到下部地面位置时、墙长度中间位置靠尺基本在高度方向居中时各测 1 次垂直度，总计三次。 注：具备实测条件的门洞口墙体垂直度为必测项 3. 同一实测区，每个实测值作为一个合格率计算点
示例	墙 第三尺 300 第二尺 墙长小于 3m 时，此尺取消 第一尺 300 地面 墙垂直度测量示意
常见问题	原始墙面垂直度误差较大，墙面批嵌时未批垂直
后期影响	门套线条、背景墙与墙面交接处缝隙大小不一，不美观家具摆放时不美观
防治措施	墙面批嵌时应先检查原始墙面有无偏差，如有较大偏差，基础需先找补

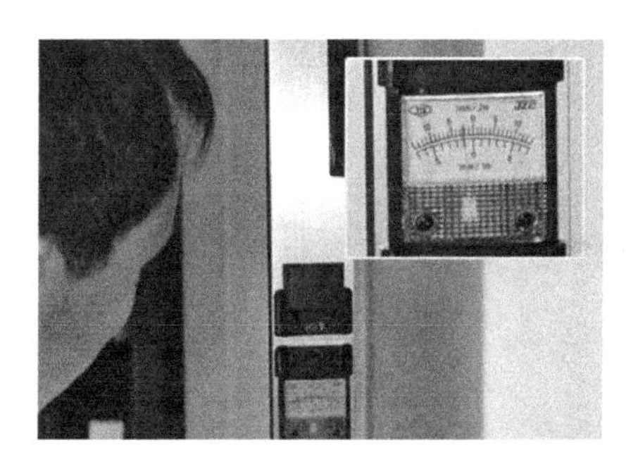

图 18.2 工程实例图片

检测要点：检查中小于 3m 墙面注意距离阴阳角 30cm 处进行检测，大于 3m 时需在中间部位加测一尺。

18.3　墙面阴阳角方正度

表 18.3

指标说明	反映层高范围内涂饰墙体阴阳角方正程度
合格标准	[0，3]mm
测量工具	阴阳角尺
测量方法和数据记录	1. 每面墙任意一个阴角或阳角均可以作为 1 个实测区，累计实测实量 20 个实测区。 2. 在同一个墙面阴角或阳角部位，从地面向上 300mm 和 1500mm 位置分别测量 1 次。2 次实测值作为判断该实测指标合格率的 2 个计算点。 3. 所选 2 套房中阴阳角的实测区不满足 15 个时，需增加实测套房数
示例	第二尺 1200 第一尺 300
常见问题	原始墙角方正度误差较大未修补或修补不到位，墙层基层批嵌时未注意找补厚度。
后期影响	1. 墙面踢脚线部位不美观。 2. 影响家具摆设
防治措施	1. 墙面批嵌前检查原始墙角方正度误差，较大误差部位需找补。 2. 墙面基层批嵌时注意找补厚度及墙角方正度

图 18.3　工程实例图片

检测要点：检查中注意避开局部不规则墙面进行检测。

18.4 顶棚（吊顶）水平度极差

表 18.4

指标说明	考虑实际测量的可操作性，选取同一房间顶棚（吊顶）四个角点和一个中点距离与同一水平基准线之间极差的最大值作为实测指标，以综合反映同一房间顶棚（吊顶）的平整程度
合格标准	≤ 10mm
测量工具	激光扫平仪、塔尺
测量方法和数据记录	1. 每个功能房间作为 1 个实测区，累计实测实量 10 个实测区；所选 2 套房中实测区不满足 10 个时，需增加实测套房数。 2. 使用激光扫平仪，在实测房间内打出一条水平基准线。在同一顶棚（吊顶）内距天花线 30cm 位置处选取 4 个角点，在板跨几何中心位（若板单侧跨度较大可在中心部位增加 1 个测点），共计 5 点，分别测量出与水平基准线之间的 5 个垂直距离。 3. 以最低点为基准点，计算另外四点与最低点之间的偏差。最大偏差值≤ 15mm 时，以 5 个偏差值（基准点偏差值以 0 计）的实际值作为判断该实测指标合格率的 5 个计算点；最大偏差值> 15mm 时，5 个偏差值均按最大偏差值计，作为判断该实测指标合格率的 5 个计算点
示例	第一点 第二点 第五点 房间 第四点 第三点 300 顶板水平度测量示意 （注：当吊顶仅周边设置时，图示第五点可取消，其余四点离墙距离可为吊顶宽度的一半）
常见问题	原始顶部误差较大，批嵌时未批平整
后期影响	感官上不美观，顶部灯边不平整
防治措施	1. 顶部批嵌时先检查误差大小，误差较大时需基层修补并加固处理 2. 顶部批嵌时用铝合金尺拉平整

图 18.4　工程实例图片

检测要点：检查中注意开间较大与较小房间均需进行检测。

18.5　感官

表 18.5

指标说明	反映墙地面涂料感官方面是否符合规范要求
合格标准	涂饰均匀、粘贴牢固，不得漏涂、起底、起皮和掉粉
测量工具	观察、手摸检查
测量方法和数据记录	1. 所选户型内每一自然间作为 1 个实测区，所选套房内所有墙体和天花全检。所选 2 套房实测区少于 20 时，需增加实测套房数。 2. 墙面检查裂缝 / 空鼓指标，天花只检查裂缝指标。同一实测区通过目测检查所有墙体抹灰层和天花裂缝，通过空鼓锤敲击检查所有墙体抹灰层空鼓。 3. 每个实测值作为 1 个实测合格率计算点。同一实测区任何一面墙或天花发现 1 条裂缝或 1 处空鼓，该实测点不合格，按“1”记录。若无任何裂缝或空鼓，则该实测点为合格，按“0”记录
示例	LC32 LC30 LC11' LC16' 卫生间 卫生间 LC28 卧室 次卧室 M3 M3 厨房 M1 M1 M2 M1 玄关 主卧室 客厅 TLM04 餐厅 阳台 LC24
常见问题	1. 室内灰尘较大，未清理干净。 2. 墙面打磨不平整、凹凸明显。 3. 涂料内杂质未过滤干净。 4. 滚涂、喷涂操作不规范
后期影响	感官上不美观，涂料起皮、开裂、透底、色差
防治措施	1. 涂料施工前检查墙面基层是否符合要求。 2. 室内卫生清理干净。 3. 检查涂料加水量是否符合规范。 4. 涂料内杂质清理干净

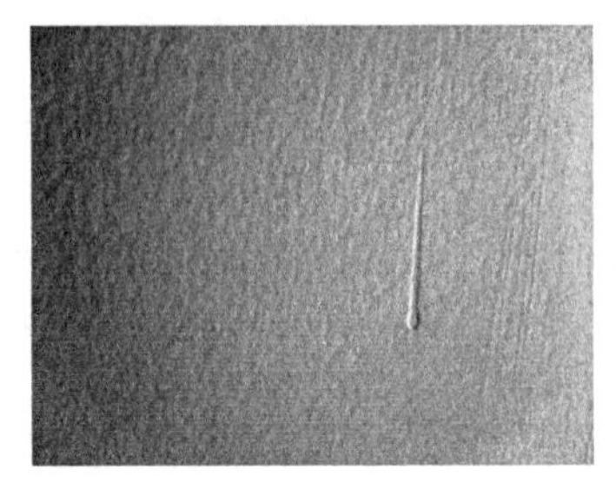

图 18.5　工程实例图片

检测要点：注意检查踢脚线、窗台、墙顶面阴角部位涂料是否涂刷均匀、色差，注意墙面侧面观察。

19　设备安装【GB 50327—2001】

设备安装包括卫生间台盆、坐便器、淋浴房、浴缸、厨房水槽、燃气灶、油烟机、热水器、阳台拖把池、洗衣池安装。本章各分项指标说明、合格标准等依据《住宅装饰装修工程施工规范》GB 50327—2001 第 15 章制定。

指标说明	反映厨卫设备安装是否符合设计及规范要求
合格标准	1. 厨卫设备所采用的各类阀门安装位置正确平整，管道连接件应易于拆卸、维修。排水管道连接应采用有橡胶垫片排水栓。 2. 洗涤盆与台面接触部位均应采用硅酮胶或防水密封条密封
测量工具	目测、水袋
测量方法和数据记录	1. 每个独立的厨房或卫生间作为 1 个实测区，累计 10 个实测区。 2. 检查坐便器、台盆、淋浴花洒、水槽、龙头、洗衣池等用水设备的丝口安装、有无漏水情况，检查出水量大小。 3. 检查用水设备及地漏排水是否通畅
常见问题	1. 安装不到位。 2. 丝口部位生料带遍数不够或配件本身质量问题。 3. 下水管内堵塞
后期影响	影响后期使用
防治措施	安装后复查有无问题

工程实例图片

检测要点：注意检查台面下水管有无防臭弯、坐便器底部有无漏水、淋浴房边框打胶是否密实、油烟机、热水器、燃气灶使用是否正常，墙面开关插座面板安装是否平整、牢固。

下面以洁具安装检查讲述马桶 、淋浴房、浴缸安装要点。

19.1 马桶安装

表 19.1

指标说明	反映马桶的安装是否符合规范要求
合格标准	马桶安装完好，使用正常
测量工具	目测、手动检查
测量方法和数据记录	1. 每一个马桶作为一个实测区，累计实测实量 10 个实测区。所选房实测区不满足 10 个时，需增加实测套房数。 2. 马桶底部打胶完好无破损、粗糙现象；马桶内无破损、划痕，马桶盖使用正常、无配件缺损；马桶出水使用正常

19.2 淋浴房安装

表 19.2

指标说明	反映淋浴房安装是否符合规范要求
合格标准	淋浴房边框安装垂直、打胶完好、配件完整
测量工具	目测、手动检查、标线仪
测量方法和数据记录	1. 每一个淋浴房作为一个实测区，累计实测实量 10 个实测区。所选房实测区不满足 10 个时，需增加实测套房数。 2. 淋浴房边框安装垂直，边框无划痕、边框打胶密实。 3. 淋浴房玻璃门密封条安装完好、把手安装牢固、玻璃无划痕、玻璃边角部位 3C 标识显著，玻璃门开关灵活

19.3 浴缸安装

表 19.3

指标说明	反映浴缸的安装是否符合规范要求
合格标准	浴缸安装水平、无破损、划痕现象，浴缸龙头出水正常，闭水试验无渗水
测量工具	目测、手动检查、标线仪
测量方法和数据记录	1. 每一个浴缸作为一个实测区，累计实测实量 10 个实测区。所选房实测区不满足 10 个时，需增加实测套房数。 2. 浴缸四周安装水平，浴缸四周打胶密实、浴缸龙头、闭水阀无缺失、损坏。 3. 浴缸蓄水试验 30 分钟无渗漏情况

第四部分　常见问题与典型案例

20　实测实量常见问题与解决方案

20.1　实测实量常见问题分析

根据实测实量项目开展的实践经验，商品住宅质量问题较多集中在渗漏、部品安装、细部质量等方面，具体问题描述及防治措施如表 20.1-1 ～表 20.1-3 所示。

常见渗漏问题描述及治理措施　　表 20.1-1

问题	描述	措施
1	单体山墙装饰露台地漏堵塞导致反坎渗漏户内进水	清理露台，疏通排水管
		增设露台侧排管
2	地下室和地下车库高低差部位墙面返潮	凿除返潮或渗漏部位地砖及粉刷层，找到渗水点
		渗水点聚氨酯注浆封闭并养护
		墙面刷防水涂料二度
		粉刷层及饰面恢复
3	地下室底板渗水引起地砖缝潮湿及墙踢脚线上口返潮引起涂料起皮	凿除地下室地砖缝返潮部位地砖，找到渗水点
		对渗漏点聚氨酯注浆封闭，注浆养护
		确定不再渗水后在渗水点部位刷二道 JS 防水，厚度为 2mm（渗透结晶防水涂料较合适）
		地砖和墙面涂料恢复

续表

问题	描述	措施
4	由于幕墙体系存在进水点，且阳/露台的阴角（墙角反坎防水上翻高度不足）存在质量缺陷，干挂石材空腔内积水（无泄水槽），导致阳露台或设备平台的墙内侧踢脚线上口返潮、渗漏对外墙干挂石材全面排查，胶缝进水点	拆除该部位幕墙石材并清理
		阴角2mm厚聚氨酯防水处理，高度为地砖完成面上翻250mm
		蓄水试验24小时
		地砖与外墙间的空腔用细石混凝土填实，上口与地砖平并形成20mm向外的泛水坡度，完成后2mm厚聚氨酯防水处理
		外墙幕墙恢复，地砖与幕墙硅胶收尾
		所有楼层一至五层在进户门及阳露台墙角跟部增加长200mm宽100mm材质为不锈钢（塑料也可）的排水通风百叶，安装过程中及时检查未出现渗漏的空腔部位，进行隐患排查
5	住宅地下室到地下车库高低差砖砌踏步内侧墙体渗水	凿除踏步地砖和地面地砖，找到渗水点
		对渗漏点聚氨酯注浆封闭并养护
		为防止后期踏步底下其他部位渗水维修又需凿除踏步，踏步底下放一根DN30的PVC引水管至地下车库排水沟，作为一种导流措施
		踏步砖和地砖恢复
6	窗边渗漏或返潮	拆除窗侧边石材，检查外墙空腔水的来源，如有空腔内雨水管损坏而造成空腔内大量进水先修复损坏雨水管，如窗边防水层破坏或塞缝不密实，对渗漏部位的窗框塞缝凿除后清理干净
		按集团要求拌制干硬性防水砂浆，接浆后要求工人戴手套进行手工塞缝，以确保塞缝密实
		窗边按要求做JS防水涂料防水层
		面层恢复及窗框与外墙面交接处防水密封胶封闭
7	屋顶防水细部节点处理未按图纸要求施工，造成渗漏	细部节点防水处理
8	地下室外墙未按图做防水，直接导致地下室渗漏	墙地加排水板+结构埋管注浆
9	屋面变形缝未能满足图集防渗节点要求	按图施工
10	外墙挑板节点无防水措施	节点按工程要求设防水
11	顶层外墙铝合金装饰窗构造节点无防水措施易引起渗漏	装饰节点加防水节点
12	底层外墙防水上翻不符要求；装饰砌体与结构砌体窗侧需界面加强措施	外砌体面抹灰应加满铺钢丝网，防止开裂引起界面进水
13	别墅天窗无防水构造节点，工序倒置	完善工序+天窗完善防水构造
14	局部户型厨卫间地面走给水管	杜绝

常见部品安装问题及治理措施　　表 20.1-2

问题	描述	措施
地板问题	湿法地暖运行后地板返潮，地板发黑	更换地板 + 后期加强排气 + 工期紧免用
进户门问题	进户门部位没有门廊，雨淋导致进户门发黑	同类更换 + 后期设计改进
空调机位问题	卧室空调洞不开在柜子外面	热媒管外向内安装 + 后期设计避免

常见观感问题描述及治理措施　　表 20.1-3

问题	描述	措施
窗表面观感问题	铝合金、塑钢窗窗扇及窗框型材拼缝高低差较大、拼缝宽度明显、成品表面保护缺失造成表面破损划痕	严格把关型材进场质量，存在质量瑕疵的及时更换，安装后及时进行调整修理，施工完成以后需进行成品保护
踢脚线收口	细部位置踢脚线收口粗糙，观感极差	交界处使用中性硅酮密封胶打胶收口
浴缸周边	浴缸位置周边打胶收口宽度不一致，打胶完成后胶面二次污染	保证打胶宽度一致，后序施工需保护
地漏周边	地漏周边米字型地砖铺贴不方正	地漏位置比周边瓷砖稍低 5mm，对边长度应一致

20.2　质量原因初步剖析

影响在建项目质量问题的原因包括主要有设计因素、施工管理、设备选型、成品保护等。正确应对需要从系统角度统筹处理，除了在工程管理本身下功夫之外，在设计管理、工期管理等方面也需要通盘考虑，着眼于未来，着眼于客户不断增长的质量需求。

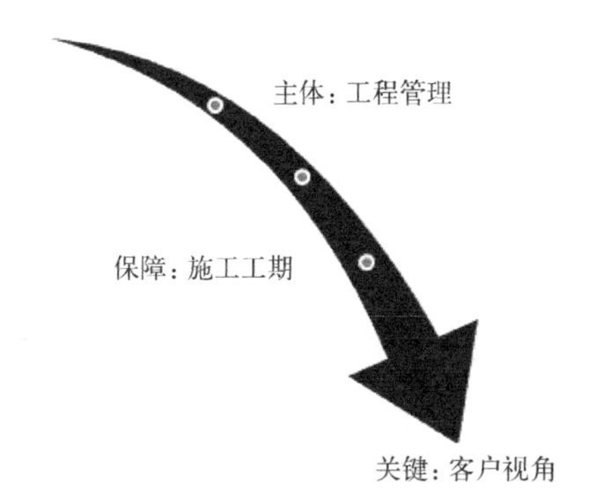

图 20.2　影响质量问题的四个因素

1. 设计因素

影响在建项目质量的主要设计因素　　表 20.2

影响因素	关键词	详细描述
设计因素	节点设计	节点设计与集团构筑图集、相关防渗漏节点未有效交圈
		设计情况不明确，设计结果不符合使用功能
		设计使用材料不能满足要求
	案例传承	案例未有效传承，部分“错误的设计”反复发生
	工后变更与图纸交圈	图纸标准化不足，施工图管理“错、漏、碰、缺”情况较多
		在结构、精装阶段均存在“边设计、边施工”的“三边工程”情况
		精装图普遍到位时间滞后且变更多
	图纸配套	全套施工图（结构、建筑、水电、装修等）阶段性到位，不利于审图与交圈

2. 人员质量

很多企业项目管理人员进取意识不足，管理视角未能聚焦“质量”上：

◆ 对于项目管理的综合排名一定程度上存在“不求第一，不求倒数，只求中间”的想法，进取力不足阻碍前进的步伐；

◆ 质量工程师的管理职能逐步向“进度”与“红线外”等非质量因素倾斜；

◆ 对工艺、工法等专业性的研究、标准化工作缺乏，一些技术问题重复发生。

3. 施工工期

◆ 销售条件：受制于地方政策，主体结构验收合格后才能取得预售条件，影响销售；

◆ 压缩工期：施工工期整体压缩，必要的工序停歇条件无法保证；结构阶段施工工期不从容；

◆ 多工序同步作业：项目工期往往“两头紧”（结构紧、装修紧）加上图纸与设计变更的影响，装修阶段往往多工序同步作业，客观造成一次成活质量和成品保护受到影响。

20.3　提高工程质量的主要应对措施

1. 设计角度：工程角度看设计

◆ 图纸前置——要求图纸前置且配套、避免无效的“工后变更”；

◆ 联合审图——在图纸配套的前提下，开展工程、客服、设计等的联合审图；

◆ 案例传承——案例与教训应在后续项目图纸中得到有效传承。

2. 工程：夯实基础练内功

◆ 完善设置专职“质量工程师”，聚焦项目层面质量管理。

◆ 工程系统持续开展工艺工法改进。

◆ 强化内部质量文化、制度建设，提高责任心、执行力，引入竞争机制，优胜劣汰。

◆ 持续开展学习、培训、交流活动，认清自我、明晰差距。区域内外标杆项目交流学习，扩展思路（大标杆学习）；公司内优秀项目与亮点学习交流，规范管理动作，形成标准化管理（小标杆学习）。针对集团、区域、公司各类技术标准、检查办法等举行多层次培训。

◆ 强调整体协调，提升项目管理整体运作能力。

◆ 聚焦“装修管理”强化对材料、部品检测检验，努力提升客户视角观感质量。

◆ 持续开展防渗漏、防空鼓、防开裂的工艺革新工作。

◆ 各项目严格落实防渗漏管理体系文件要求，各部位严格检查，强化自检自查。

◆ 强化项目监控，对存在一定风险质量、安全问题的项目坚决“拉闸”。

3. 工期：精打细算谋策划

◆ 一次开工标段面积不宜过大（建议控制 6 万 m^2 以下），在集团标准工期指导下适度优化，不宜过紧；在现有资源情况下，避免大投入、大抢工。

◆ 对工期不足的项目建议加大技术成本投入（如：减少二结构、取消湿作业、机械喷涂、土建与装修穿插等）。

◆ 引进更多资源单位，满足劳动力、市场等新的变化要求。

4. 客户：千方百计求满意

◆ 强化细部检查具体管理规定与标准，在完成面上“把好”最后一道关。

◆ 交付前严格实施“联合验收”制度，制定预案，一旦有交付风险，启用预案。

◆ 强化成品保护、观感质量管理，在充分自检基础上，细化相关指标纳入合同。

交付风险分级表　　表 20.3

一级质量风险	空气质量，涉及客户承诺的货不对板等，系统性质量问题等
二级质量风险	部分渗漏、空鼓、开裂及时部分观感质量问题等
三级质量风险	部分观感及时配套等的质量问题等

21 第三方实测实量典型案例

近年来，各地住宅质量问题仍层出不穷，从“楼歪歪”到“墙脆脆”，从别墅壁炉砸死幼童到房屋整体倒塌的质量事故不断上演，有关住宅质量问题的消费者投诉也呈上升趋势，整个社会对工程质量的关注不断提高。在此大背景下，验房市场中对第三方实测实量检测的需求进一步扩大，第三方以其专业性、服务性得到了越来越多开发商的信任。本章针对验房市场中出现频次较高的外窗渗水和裂缝问题，分别以相关案例具体说明第三方是如何进行实测实量，提升房屋交付质量的。

21.1 案例一 外窗渗水

交付过程中，渗水问题投诉率一直居高不下。按渗水部位不同，该问题又可分为顶棚渗水、外窗渗水、外墙渗水、卫生间渗水等；其中由外窗渗水引发的投诉在所有渗水投诉中所占比例一直最高，因此，外窗渗水成为各开发企业重点监测项目。如何在施工过程中对防水进行把控，减少后期外窗渗水具有重要实际意义。

1. 背景介绍

某大型开发企业，在2013年某项目交付后期出现严重的外窗渗水现象，引发大规模业主投诉维权。在维权现场，业主们纷纷举着"无良企业"、"家家漏水，拒绝收楼"等横幅，高呼口号，要求赔偿。经协商，开发企业对渗水外窗进行彻底维修，同时进行经济补偿，仅补偿金额就高达300万元人民币。业主聚众维权，不仅有损开发商的品牌美誉度，也给开发商造成了高额经济损失。后期，开发企业在施工过程中，引入第三方实测实量，尤其对防水分项进行多项检测、预控，及时发现项目工程的隐藏问题并加以修正，完美应对了房屋漏水，既解决了该开发商的项目后期维修问题，也为项目二期的如期交房奠定了良好工程基础。

2. 第三方实测实量把控

（1）砌筑节点

①在砌筑节点加强对窗台板的检查，确保窗台板两侧预埋至墙体，减少后期外窗下侧墙体渗水（图21.1-1）。

图21.1-1 窗台板未能伸入墙体

②在砌筑节点，进行外侧预留洞口的检测，避免因为外窗预留洞口尺寸过大，施工中对外窗采用发泡剂进行填塞（发泡剂宽度较大）（图21.1-2）。

③砌筑节点窗框安装完毕，针对窗框型材特性，对外窗的对角线进行实测，确保外窗对角线偏差小于 3mm。确保因型材变形导致的外窗渗水风险（图 21.1-3）。

图 21.1-2　外窗洞口预留偏大，两侧发泡剂填充过宽

图 21.1-3　窗框型材变形，对角线偏差大于 3mm

（2）抹灰完工节点，对外窗台进行实测

①外窗内窗台高于外窗台，避免外窗窗框下侧渗水风险（图 21.1-4）。

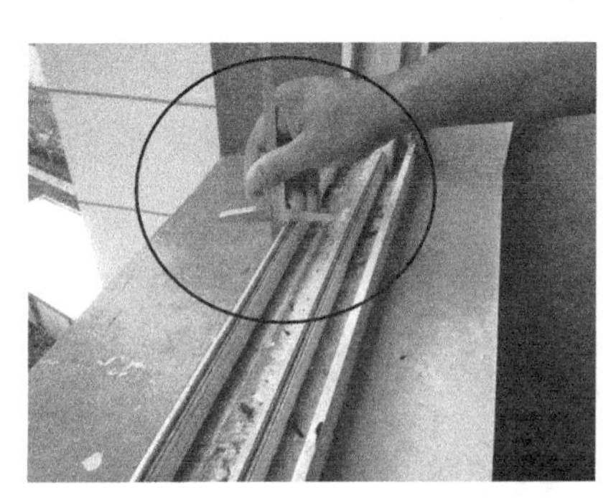

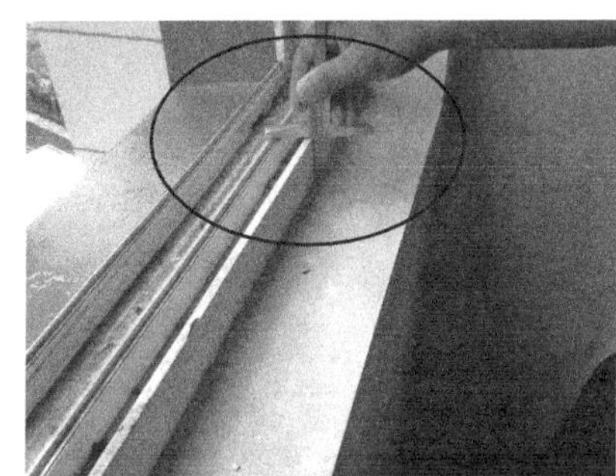

图 21.1-4　窗台外低内高检测

②外窗窗台倒坡坡度应大于 3%，确保排水顺畅（图 21.1-5）。

③外窗的窗框泄水孔应高于外窗台，确保外窗窗框泄水顺畅（图 21.1-6）。

图 21.1-5　外窗窗台倒坡坡度检测

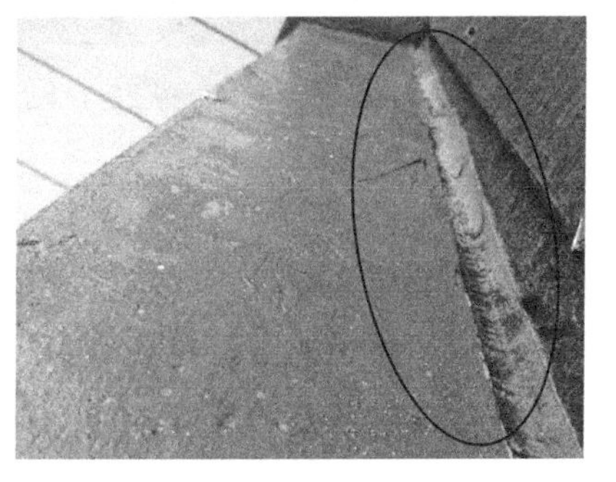

图 21.1-6　外窗泄水孔堵塞

④外窗滴水线设置应顺畅，无堵塞、漏做等（图 21.1-7）。

图 21.1-7 滴水线漏做、堵塞

（3）交付前期，外窗淋水

施工单位要求 100% 淋水，实测随机选取 8 ～ 10 扇外窗进行淋水（淋水管管径宜为 15 ～ 20mm，距窗表面距离宜为 100 ～ 150mm，喷水孔成直线均匀分布，喷水方向与水平方向角度宜为 30° 左右，孔径 2 ～ 3mm，孔间距 100 ～ 150mm，水量为自来水正常水压下最大量或采用增压泵增压取水，确保在外墙面及外窗表面形成水幕；淋水时间为 15-20min。）确保外窗的淋水质量（图 21.1-8）。

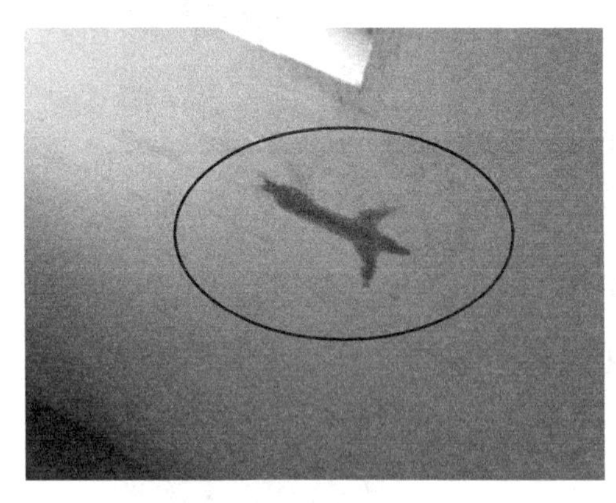

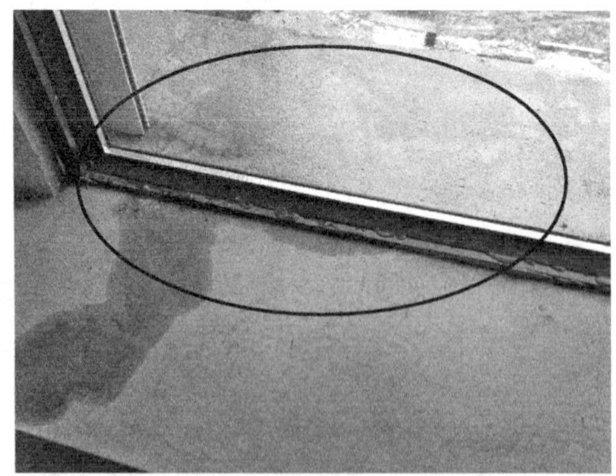

图 21.1-8 外窗淋水渗水

3. 测量结果与应对

二期楼盘交付前期，第三方对外窗进行抽验淋水实测，结果发现外窗出现高达 50% 的渗水现象。此时距离二期交付日期不到 20 天，且该项目为精装修项目，室内装修已经基本完成，部分室内已经保洁到位。

在第三方检测前期，开发企业已经对外窗进行 100% 外窗淋水，出现的问题也已经进行及时维修，但是第三方检测淋水测试渗水现象却高达50%，门窗厂家对此也感到很疑惑。通过多次现场勘察、分析，发现渗水原因是外窗保洁期间，外窗密封胶破损，部分出现开裂。第三方外窗淋水试验及时发现了该问题隐患。门窗厂家积极组织人员进行外窗密封胶条的更换工作，并对外窗进行100%二次淋水试验，确保更换胶条的密封质量。在更换密封胶条过程中，门窗单位进行了实际统计，密封胶条的更换长度高达2500米。

试想，在开发企业对外窗已经进行100%淋水试验的情况下，如果没有第三方实测实量的参与，极易忽视密封问题，一旦出现台风等恶劣天气，匆忙交付，出现渗水的风险相当大，后果不堪设想。

21.2 案例二 裂缝

1. 背景介绍

在房屋交付过程中，极易引起业主关注，引发投诉与赔付，甚至诱发集体事件，风险极大。由于业主对裂缝的认知与施工企业、开发企业的信息不对称，一旦业主发现墙面、地面出现裂缝，往往对其进行夸大，通过网络途径进行快速扩散，给交付工作带来了巨大压力。出于对质量的担忧，业主往往而要求先验房后收房的想法。南京中心城区某楼盘，一期销售异常火爆，二期紧急加推。为了对质量进行把控，防范风险，特别请第三方实测实量对施工过程进行把控。

2. 第三方实测实量把控

裂缝在交付中是非常容易被发现，并且不需要借助任何检测设备，通过现场仔细观察即可（图21.2-1）。

裂缝在房屋建筑过程中出现的原因多种多样，大致可以分：①材料；②施工工艺；③施工技术；④设计；⑤养护；⑥外部变化。在施工过程中应组织人员勤查看，一旦发现裂缝，应积极对出现裂缝的原因进行分析，制定相关维修方案，避免后期施工继续出现相同问题。但是，施工单位、监理单位并未对现场足够重视，为后期交付带来了一定的风险。目前实测实量一般节点工程的30% ～ 40%工程量进行，检查过程中一旦发现开裂风险，即可后面60% ～ 70%的工程施工中予以规避，可以有效防范裂缝风险，减少损失。

（1）混凝土节点阶段：对混凝土坍落度、捣振方式、浇筑顺序、混凝土养护、模板支撑等进行检查，避免由此带来的开裂现象（图21.2-2）。

（2）砌筑节点阶段：砌块开凿、断砖控制、挂网搭接宽度、塞顶要求等进行检查（图21.2-3）。

（3）抹灰节点阶段：抹灰灰饼厚度、不同材料搭接网宽度等检查（图21.2-4）。

图 21.2-1　混凝土梁与墙面交接处开裂

图 21.2-2　混凝土坍落度检查

图 21.2-3　混凝土坍落度检查砌块开凿现象

图 21.2-4　混凝土坍落度检查灰饼厚度查验

3. 处理结果及应对

混凝土施工进度 7 ～ 8 层时（总高 33 层），第三方进行现场数据采集，开展实测实量。在查看梁与墙面的过程中，发现混凝土出现斜向开裂，宽度达到 1.5mm，长度约 300mm，部分出现对穿裂缝，且该现象比较普遍。施工方与监理方也已经发现该问题，但并未及时对该问题进行进一步处理与预控。

实测人员立刻根据现场问题，查看图纸并咨询相关人员，结果发现：在梁与墙的混凝土设计中，两者标号相差为 10，在施工工艺上有一定的难度。根据现场情况，实测人员明确了后期交付风险，并对现场提出整改建议：对梁与墙交接处混凝土施工确保间隔时间 1 小时左右，捣振密实，养护时间加长 1 ～ 2 天，在工艺上采用簸箕口方式。后续的工作接受了这一建议，有效避免了裂缝的出现，避免带来更大的损失。

第五部分　常用表格与实测实量报告模板

22　实测实量数据记录表（简表）

实测实量记录表分为《土建工程实测实量数据记录表》和《精装工程实测实量数据记录表》。简表如下，在具体应用过程中应根据实际情况进行调整。

22.1　土建工程实测实量数据记录表

土建工程实测实量数据记录　　　　表 22.1

检查日期　　年　　月　　日

项目名称		施工阶段	
项目负责人		监理负责人	
检查部位			

检查项目	检查内容	检查标准	数据记录										合格点数	合格率
			1	2	3	4	5	6	7	8	9	10		
混凝土工程	截面尺寸偏差	[-5，10]mm												
	表面平整度	[0，8]mm												
	垂直度	层高≤ 6m，[0，10]mm 层高 > 6m，[0，12]mm												
	顶板水平度极差	[0，15]mm												
	楼板厚度偏差	[-5，8]mm												
砌体工程	表面平整度	[0，8]mm												

续表

项目名称			施工阶段											
项目负责人			监理负责人											
检查部位														
检查项目	检查内容	检查标准	数据记录										合格点数	合格率
			1	2	3	4	5	6	7	8	9	10		
砌体工程	垂直度	[0，5]mm												
	外门窗洞口尺寸偏差	[-10，10]mm												
	重要预制或现浇构件	参看具体构件标准												
	砌筑工序	参看具体工序标准												
抹灰工程	墙体表面平整度	[0，4]mm												
	墙面垂直度	[0，4]mm												
	室内净高偏差	[-20，20]mm												
	顶板水平度极差	≤ 10mm												
	阴阳角方正	≤ 4mm												
	房间开间 / 进深偏差	± 15mm												
	方正度	[0，10]mm												
	地面表面平整度	≤ 4mm												
	地面水平度极差	[0，10]mm												
	户内门洞尺寸偏差	高度偏差 [-10，10]mm；宽度偏差 [-10，10]mm												
	外墙窗内侧墙体厚度极差	[0，4]mm												
	裂缝 / 空鼓	户内墙体完成抹灰后，墙面无裂缝、空鼓												
防水	卫生间涂膜厚度	最小厚度大于设计厚度80%												
	防水反坎	详见 7.2 节												
	防水性能	24h 蓄水，放水高度 2cm												

续表

项目名称			施工阶段											
项目负责人			监理负责人											
检查部位														
检查项目	检查内容	检查标准	数据记录										合格点数	合格率
			1	2	3	4	5	6	7	8	9	10		
设备安装	坐便器预留排水管孔距偏差	[0，15]mm												
	排水管通畅性	管道坡度符合设计要求，拼接处无渗漏，管道排水通畅												
	同一室内底盒标高差	[0，10]mm												
	电线管线通畅性	管道通畅												
门窗安装	型材拼缝宽度（铝合金门窗）	≤ 0.3mm												
	型材拼缝高低差（铝合金－塑钢门窗）	≤ 0.3mm												
	铝合金门或窗框正面垂直度（铝合金－塑钢门窗）	[0，2.5]mm												
	门窗框固定（铝合金－塑钢窗）	详见 9.4 节												
	边框收口与塞缝（铝合金－塑钢窗）	详见 9.5 节												
							检查人							

22.2 精装工程实测实量数据记录表

精装工程实测实量数据记录　　表 22.2

检查日期　年　月　日

项目名称			施工阶段											
项目负责人			监理负责人											
检查部位														
检查项目	检查内容	检查标准	数据记录										合格点数	合格率
			1	2	3	4	5	6	7	8	9	10		
水电隐蔽工程	排水管道通畅	排水管顺畅、无堵塞、破损，束接部位连接，排水管坡度不小于 1%												
	给水管道渗漏	束接、过桥、丝口、龙头、角阀、堵头部位无渗漏												
	冷热水管间距	水管间距 200mm 、交叉部位间距 30mm；水管安装应左热右冷												
	冷热水管埋管深度	详见 10.4 节												
	电线线径	详见 10.5 节												

续表

项目名称			施工阶段											
项目负责人			监理负责人											
检查部位														
检查项目	检查内容	检查标准	数据记录										合格点数	合格率
			1	2	3	4	5	6	7	8	9	10		
	电线穿线数量	详见 10.6 节												
	电线暗盒定位	详见 10.7 节												
	电线接头	详见 10.8 节												
墙地砖工程	墙地砖平整度要求	[0，3]mm												
	墙砖垂直度要求	[0，2]mm												
	墙地砖接缝高低差	瓷砖墙面、石材墙面 [0，0.5]mm												
	墙地砖空鼓要求	饰面砖粘贴应牢固、无空鼓；单块砖边角允许有局部空鼓，但每自然间的空鼓砖不应超过总数的 5%												
	卫生间、阳台地面坡度要求	卫生间地面坡度应大于 1%，淋浴房地面坡度应大于 1.5%；卫生间门槛石与地砖应有 5 ~ 8mm 高低差												
	感官、色差	墙砖、地砖铺设颜色一致、无色差、爆瓷、破损、开裂												
石膏板吊顶工程	石膏板吊顶龙骨间距	详见 13.1 节												
	石膏板的水平度	顶部水平度误差 [0，3]mm												
	石膏板吊顶节点（螺丝安装、接缝平整、开裂）	详见 13.3 节												
集成吊顶工程	龙骨间距（集成吊顶）	详见 14.1 节												
	扣板安装（集成吊顶）	吊顶扣板安装平整 [0，2]mm、板缝大小一致、无变形、破损、松动、色差												
橱柜工程	柜体平整度、垂直度、安装完整	详见 15.1 节												
	台面石材（橱柜工程）	详见 15.2 节												
	门板（橱柜工程）	详见 15.3 节												
	细部构造（橱柜工程）	详见 15.4 节												
木地板工程	地板平整度（强化复合、实木复合、实木地板）	[0，2]mm												
	地板接缝高低差（强化复合、实木复合、实木地板）	≤ 0.5mm												
	地板接缝宽度（强化复合、实木复合、实木地板）	≤ 0.5mm												
	地板水平度极差（强化复合、实木复合、实木地板）	≤ 10mm												
	感官（色差等）	表面无破损、划痕、色差、起鼓等现象												

续表

项目名称													施工阶段		
项目负责人													监理负责人		
检查部位															
检查项目	检查内容	检查标准	数据记录										合格点数	合格率
			1	2	3	4	5	6	7	8	9	10		
木门工程	门扇、门套安装平整度、垂直度	平整度 [0，2]mm 垂直度 [0，2]mm												
	门扇、门套安装感官	详见 17.2 节												
	门扇、门套五金配件安装	无掉漆、划痕、变形；固定牢固、无松动												
涂饰工程	墙面表面平整度	[0，3]mm												
	墙面垂直度（涂饰工程）	[0，3]mm												
	墙面阴阳角方正度（涂饰工程）	[0，3]mm												
	顶棚（吊顶）水平度极差（涂饰工程）	≤ 10mm												
	感官（涂饰工程）	详见 18.5 节												
设备安装	设备检查	详见 19 节												
							检查人							

23 实测实量报告模板

XX 项目 / 公司 / 集团实测实量及风险评估报告
（ XX 年第 X 次 ）

1. 参评项目概述

XX 年第 X 次实测

序号	项目名称	标段名称	混凝土工程	砌体工程	抹灰工程	防水工程	设备安装	门窗安装	水电隐蔽工程	墙地砖工程	石膏板吊顶工程	集成吊顶工程	橱柜工程	木地板工程	木门工程	涂饰工程	设备安装
1	××	一标段	●	●			●										
		二标段			●	●	●	●				●	●	●	●		

续表

	情况描述
公司 / 项目概述	本次 ×× 公司 / 项目共 × 个项目 × 个标段参与实测实量及风险评估，实测内容：混凝土、砌体、抹灰、…… 主体结构实测合格率均值为 ××%，较上季度有提高，但墙面平整度、垂直度仍然存在修补、剔凿等现象。 …… 本次评估 ×× 安全文明施工为 × 级风险，比上次评估有所进步。 ……
实测实量	砌体工程表面平整度控制不到位，合格率均值分别为 ××%、××%。 ……
风险评估	渗漏： 外墙抹灰已施工完成，外架连墙件洞口封堵未完成，工序倒置；且封堵时采用灰砂砖进行填塞，封堵不密实。 …… 空鼓 / 开裂： …… 安全文明： ……

2. 实测实量分析

（1）混凝土工程

序号	公司名称	项目名称	标段名称	截面尺寸偏差	表面平整度	垂直度	顶板水平度极差	楼板厚度偏差	排序
1	××	××	××	××	××	××	××	××	1
2	××	××	××	××	××	××	××	××	2
3	××	××	××	××	××	××	××	××	3
4	××	××	××	××	××	××	××	××	4
公司 / 项目平均值				××	××	××	××	××	××

（2）砌体工程：

（3）抹灰工程：

（4）防水工程：

（5）设备安装：

（6）门窗安装：

……

3. 项目风险评估总结

（1）风险评估等级汇总表

风险评估汇总表

序号	项目/标段名称	评估期	质量通病控制				安全环保	项目综合风险	备注
			渗漏	空鼓/开裂	观感质量	成品保护	安全文明施工		
1	××	第一次							
		第二次							
		第三次							
2	××	第一次							
		第二次							
		第三次							

（2）各项目风险评估分析：

① 渗漏：

问题描述	问题性质	图片描述
××	共性问题：××标段…… / 个性问题：××标段……	

② 空鼓/开裂：

③ 安全文明：

4. 优秀做法

	优点描述：××标段现场烟道根部设置混凝土反坎，降低了后期烟道根部的渗漏风险。

……

附录 第三方实测实量常用国家标准（目录）

1. 混凝土结构工程施工质量验收规范 GB50204—2015
2. 混凝土结构工程施工规范 GB50666—2011
3. 建筑地面工程施工质量验收规范 GB50209—2010
4. 高层建筑混凝土结构技术规程 JGJ3—2010
5. 砌筑结构工程施工质量验收规范 GB50203—2011
6. 砌体工程施工质量验收规范 GB50203—2002
7. 建筑室内防水工程技术规程 CECS196—2006
8. 给水排水构筑物工程施工及验收规范 GB50141—2008
9. 建筑给水排水及采暖工程施工质量验收规范 GB50242—2002
10. 给水排水管道工程施工及验收规范 GB50268—2008
11. 住宅装饰装修工程施工规范 GB50327—2001
12. 建筑装饰装修工程质量验收规范 GB50210—2001
13. 塑料门窗工程技术规程 JGJ103—2008
14. 建设工程施工现场供用电安全规范 GB50194—2014
15. 建筑施工高处作业安全技术规范 JGJ80—2016

具体规范详见本套丛书之《验房常用法律法规与标准规范速查》分册。

责任编辑：赵梦梅　封　毅　毕凤鸣　周方圆

封面设计：

房屋查验从业人员培训教材

- ▶验房基础知识
- ▶验房专业实务
- ▶第三方交房陪验
- ▶第三方实测实量
- ▶验房常用法律法规与标准规范速查

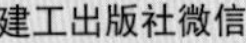

ISBN 978-7-112-19781-1

(27037) 定价：38.00 元

经销单位：各地新华书店、建筑书店

网络销售：本社网址 http://www.cabp.com.cn
中国建筑出版在线 http://www.cabplink.com
中国建筑书店 http://www.china-building.com.cn
本社淘宝天猫商城 http://zgjzgycbs.tmall.com
博库书城 http://www.bookuu.com

图书销售分类：培训教材（Y）

中国建筑工业出版社

龚晓南 主编